全国技工院校计算机类专业（中／高级技能层级）

Excel 2021
基础与应用实训题集

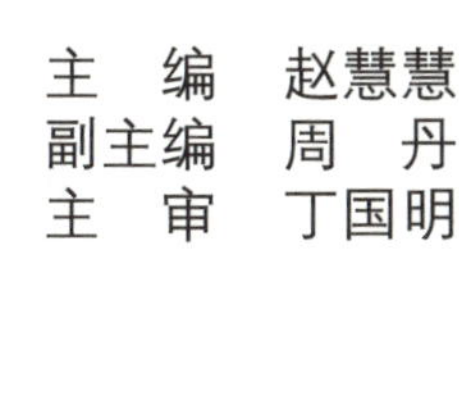

主　编　赵慧慧
副主编　周　丹
主　审　丁国明

中国劳动社会保障出版社

简介

本书是全国技工院校计算机类专业教材（中 / 高级技能层级）《Excel 2021 基础与应用》的配套用书。本书以企业具体的工作项目为实训载体，根据教材所学内容设置任务，任务具有可操作性和拓展性，既锻炼了学生的操作技能，又节省了教材中操作内容的篇幅。本书强化对学生专业能力的训练和培养，通过分析和完成任务，巩固所学知识，提高相应技能。

本书主要内容包括 Excel 2021 基础操作、工作表和工作簿基本操作与技巧、数据输入与编辑管理、表格样式编排和数据管理、插入图形和图表、打印及其他操作、数值计算与分析、Excel 在实际中的应用。

为了方便教师教学，相关数字资源可在技工教育网（http://jg.class.com.cn）下载并使用。

本书由赵慧慧任主编，周丹任副主编，张南、沈田予、姚银参与编写，丁国明任主审。

图书在版编目（CIP）数据

Excel 2021 基础与应用实训题集 / 赵慧慧主编. -- 北京：中国劳动社会保障出版社，2024

全国技工院校计算机类专业. 中/高级技能层级

ISBN 978-7-5167-6147-2

Ⅰ. ①E… Ⅱ. ①赵… Ⅲ. ①表处理软件 – 技工学校 – 习题集 Ⅳ. ①TP391.13-44

中国国家版本馆 CIP 数据核字（2024）第 001057 号

中国劳动社会保障出版社出版发行

（北京市惠新东街 1 号 邮政编码：100029）

*

北京宏伟双华印刷有限公司印刷装订 新华书店经销

787 毫米 ×1092 毫米 16 开本 8.5 印张 165 千字

2024 年 2 月第 1 版 2024 年 2 月第 1 次印刷

定价：21.00 元

营销中心电话：400-606-6496

出版社网址：http://www.class.com.cn

http://jg.class.com.cn

目　录

CONTENTS

项目一
Excel 2021 基础操作

任务 1　认识 Excel 2021

一、实训任务介绍

为提高办公效率，某企业安排 IT 部门为所有部门进行了办公软件升级，为帮助员工快速适应新版本软件的使用，现要求 IT 部门提供 Excel 2021 的入门操作培训。

具体要求包括：通过操作系统“开始”菜单或任务栏上的搜索框启动 Excel 2021，并认识其操作界面，通过快速访问工具栏中的“保存”按钮或“文件”菜单中的“保存”来保存 Excel 2021 文件，并将其命名为“项目一任务 1”，通过窗口控制按钮中的“关闭”按钮关闭 Excel 2021。

二、实训任务分析

要完成本实训任务，应按照图 1-1-1 所示的思维导图复习教材中学到的知识和技能。

图 1-1-1　任务思维导图

本实训任务是认识 Excel 2021。启动 Excel 2021，认识其操作界面，包括标题栏、选项卡和命令、工作区，完成后保存工作簿并关闭程序。在完成实训任务的过程中，应注意不同启动方法的选用、不同选项卡及其中命令的作用，以及关闭 Excel 2021 的方法。

三、实训计划制订

根据任务分析，制订完成本实训任务的实训计划，填入表 1-1-1。

表 1-1-1　实训计划

序号	工作内容	所需时间

四、操作步骤提示

本实训任务的操作步骤提示见表 1-1-2。

表 1-1-2　操作步骤提示

序号	操作步骤	内容
1	启动 Excel 2021	单击操作系统“开始”|“Excel”或在任务栏上的搜索框中输入“Excel”，启动 Excel 2021
2	认识标题栏	观察标题栏的组成，认识快速访问工具栏、标题、窗口控制按钮等组成部分
3	认识选项卡和命令	依次单击“开始”“插入”“页面布局”“公式”“数据”“审阅”“视图”“帮助”选项卡，认识其中的命令
4	认识工作区	观察行、列、单元格、工作表标签，右键单击工作表标签查看可进行的操作
5	保存文件	单击快速访问工具栏中的“保存”按钮或“文件”|“保存”，在弹出的“另存为”对话框中选择文件保存路径，输入文件名“项目一任务 1.xlsx”后保存
6	关闭 Excel 2021	单击窗口控制按钮中的“关闭”按钮

五、操作要点记录

在表 1-1-3 中记录本实训任务的操作要点。

表 1-1-3　操作要点记录

序号	操作要点	备注

六、实训评价

本实训任务完成后，分享完成任务过程中的心得体会并展示成果，从软件操作、实训效果、成果展示等方面，采用自我评价、小组评价、教师评价相结合的多元评价方式对该实训任务进行评价，实训评价表见表 1-1-4。

表 1-1-4　实训评价表

序号	评价内容	配分 / 分	评价分数		
			自我评价（占比 30%）	小组评价（占比 30%）	教师评价（占比 40%）
1	对实训任务的分析准确到位	20			
2	软件运用熟练，操作得当	20			
3	能熟练启动和关闭软件	20			
4	能熟练保存文件	20			
5	能正确展示及解说任务成果	20			
学生姓名		综合评分			

七、巩固与练习

1. 选择题

（1）Excel 2021 操作界面最上面一行是（　　），用来显示软件名称和当前文档名称。

A. 菜单栏　　B. 工具栏　　C. 标题栏　　D. 状态栏

（2）默认情况下，在 Excel 2021 中新建的工作簿中有（　　）张工作表。

A. 1　　B. 2　　C. 3　　D. 4

（3）在 Excel 2021 中，当工作表标签为（　　）底时，该工作表处于可编辑状态。

A. 黑　　B. 白　　C. 灰　　D. 蓝

（4）在 Excel 2021 的“开始”选项卡中，可以设置单元格的（　　）。

A. 字体　　B. 数字格式

C. 样式　　D. 以上选项全对

（5）在 Excel 2021 中，通过（　　）选项卡可以获取外部数据，对数据进行排序和筛选、分级显示等，对工作表中的数据进行管理。

A. “页面布局”　　B. “公式”　　C. “数据”　　D. “视图”

2. 操作题

根据所学知识，打开 Excel 2021，熟悉其操作界面，在当前工作簿中添加一张工作表，并将此文件保存到“E:\”，将其命名为“项目一任务 1 操作题”。

任务 2　制作员工信息汇总表

一、实训任务介绍

某企业人力资源部门为方便查询员工常用信息，现要求科员小王制作员工信息汇总表，输入员工基本信息。

具体要求如下：启动 Excel 2021，新建一个空白工作簿，输入汇总表内容，包括员工工号、姓名、性别、身份证号、联系电话、籍贯、入职时间、所在部门等数据，数据准确清晰，将工作簿命名为“员工信息汇总表”并保存，效果如图 1-2-1 所示。

	A	B	C	D	E	F	G	H	I
1	工号	姓名	性别	身份证号	联系电话	籍贯	入职时间	所在部门	
2	001	张敏婕	女	320723199811034048	18015392793	江苏连云港	2021/8/11	设计部	
3	002	钟凯琳	女	320483199808268126	18018206066	江苏常州	2022/9/12	设计部	
4	003	朱柳晴	女	32028119960907002X	17851061569	江苏江阴	2021/10/9	财务部	
5	004	蔡志鹏	男	342622199708232397	17851061621	安徽巢湖	2021/8/11	销售部	
6	005	陈俊一	男	341302199804207236	18870401293	安徽宿州	2022/9/12	销售部	
7	006	胡超	男	36043019981001033X	13291315327	江西九江	2021/10/9	销售部	
8	007	霍正瀚	男	320723199808271616	13057235252	江苏连云港	2021/8/11	设计部	
9	008	李涛	男	320803199802282039	18501457752	江苏淮安	2022/9/12	财务部	
10	009	汤天智	男	320830199608170035	13156759762	江苏淮安	2020/10/9	销售部	
11	010	吴昊	男	320481199702280810	17605294194	江苏常州	2020/7/10	设计部	
12									

图 1-2-1　员工信息汇总表效果图

二、实训任务分析

要完成本实训任务，应按照图 1-2-2 所示的思维导图复习教材中学到的知识和技能。

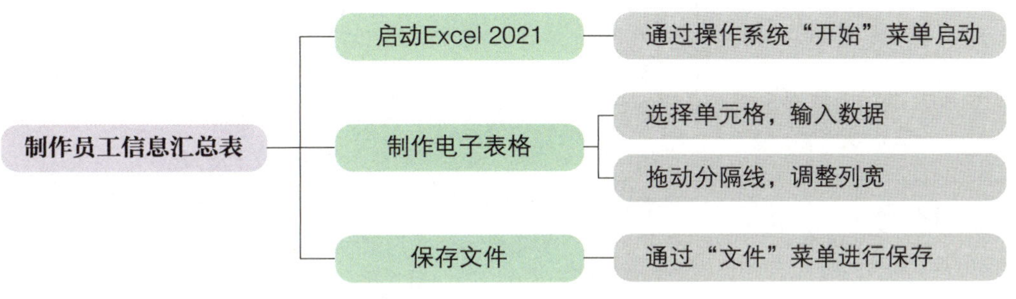

图 1-2-2 任务思维导图

本实训任务是制作员工信息汇总表，在明确工作簿、工作表、单元格等基本概念的基础上，进行工作表数据输入和列宽调整的基本操作。在完成实训任务的过程中，应注意工作簿的建立、打开和保存的方法，以及调整表格行高、列宽的方法。

三、实训计划制订

根据任务分析，制订完成本实训任务的实训计划，填入表 1-2-1。

表 1-2-1 实训计划

序号	工作内容	所需时间

四、操作步骤提示

本实训任务的操作步骤提示见表 1-2-2。

表 1-2-2 操作步骤提示

序号	操作步骤	内容
1	启动 Excel 2021	单击操作系统“开始”|“Excel”，启动 Excel 2021
2	新建工作簿	单击 Excel 2021 启动界面中的“空白工作簿”

续表

序号	操作步骤	内容
3	选择单元格	单击要选择的单元格
4	输入数据	通过键盘输入数据，按 Enter 或 Tab 键确认。 输入单元格区域 D2:D11、E2:E11 内容时，可先输入单引号“'”，再输入数据
5	调整列宽	将鼠标指针放到两列标中间，此时鼠标指针呈左右带箭头的十字状，按住鼠标左键向右拖动，调整列宽至合适大小
6	保存文件	单击快速访问工具栏中的“保存”按钮或“文件”|“保存”，在弹出的“另存为”对话框中选择文件保存路径，并输入文件名“员工信息汇总表 .xlsx”后保存
7	关闭 Excel 2021	单击窗口控制按钮中的“关闭”按钮进行关闭

五、操作要点记录

在表 1-2-3 中记录本实训任务的操作要点。

表 1-2-3　操作要点记录

序号	操作要点	备注

六、电子表格制作与修改记录

制作并修改电子表格，排除出现的错误，并在表 1-2-4 中做好记录。

表 1-2-4　电子表格修改记录

序号	出现错误	错误原因	处理方法

七、实训评价

本实训任务完成后，分享完成任务过程中的心得体会并展示成果，从软件操作、实训效果、成果展示等方面，采用自我评价、小组评价、教师评价相结合的多元评价方式对该实训任务进行评价，实训评价表见表 1-2-5。

表 1-2-5　实训评价表

<table>
<tr><th rowspan="2">序号</th><th rowspan="2">评价内容</th><th rowspan="2">配分 / 分</th><th colspan="3">评价分数</th></tr>
<tr><th>自我评价（占比 30%）</th><th>小组评价（占比 30%）</th><th>教师评价（占比 40%）</th></tr>
<tr><td>1</td><td>对实训任务的分析准确到位</td><td>20</td><td></td><td></td><td></td></tr>
<tr><td>2</td><td>能熟练启动和关闭软件</td><td>15</td><td></td><td></td><td></td></tr>
<tr><td>3</td><td>能熟练输入数据</td><td>15</td><td></td><td></td><td></td></tr>
<tr><td>4</td><td>能熟练调整列宽</td><td>15</td><td></td><td></td><td></td></tr>
<tr><td>5</td><td>能熟练保存文件</td><td>15</td><td></td><td></td><td></td></tr>
<tr><td>6</td><td>能正确展示及解说任务成果</td><td>20</td><td></td><td></td><td></td></tr>
<tr><td colspan="2">学生姓名　　</td><td colspan="2">综合评分</td><td colspan="2"></td></tr>
</table>

八、巩固与练习

1. 选择题

（1）Excel 2021 文件的扩展名为（　　）。

A. xlsx　　B. xls　　C. xsl　　D. xlxs

（2）常说的 Excel 文件指的是（　　）。

A. 工作表　　B. 工作簿　　C. 单元格　　D. Excel 软件

（3）（　　）是工作表的基本单位，也是电子数据表软件处理数据的最小单位。

A. 工作表　　B. 工作簿　　C. 单元格　　D. Excel

（4）工作表的 A 列第 1 行单元格用（　　）表示。

A. 1A　　B. A1　　C. 1+A　　D. A+1

（5）若在输入过程中单元格中并未显示输入的内容，而是一串“#”或者类似“1.331E+10”的科学记数法的数，则可能的原因是（　　）。

A. 单元格的宽度不够　　B. 输入有误

C. 单元格的高度不够　　D. 以上选项都不对

2. 操作题

将表 1-2-6 制作成电子表格，并将此文件保存到“E:\”，将其命名为“项目一任务 2 操作题”。

表 1-2-6　办公用品采购表

序号	名称	数量	单位
1	订书机	2	个
2	剪刀	2	把
3	美工刀	2	把
4	钢尺	10	把
5	笔筒	10	个

任务 3　修改员工信息汇总表

一、实训任务介绍

某企业人力资源部门科员小王已经制作了员工信息汇总表的电子表格，现在需要对该电子表格进行一些文本修改。

具体要求如下：打开本任务“素材”文件夹中的“员工信息汇总表”工作簿，将“工号”“姓名”“性别”“身份证号”“联系电话”“籍贯”“入职时间”“所在部门”列的文字设置为居中显示，将第 1 行表头字体加粗，并将此文件另存为“员工信息汇总表 – 修改”，效果如图 1-3-1 所示。

	A	B	C	D	E	F	G	H	I
1	**工号**	**姓名**	**性别**	**身份证号**	**联系电话**	**籍贯**	**入职时间**	**所在部门**	
2	001	张敏婕	女	320723199811034048	18015392793	江苏连云港	2021/8/11	设计部	
3	002	钟凯琳	女	320483199808268126	18018206066	江苏常州	2022/9/12	设计部	
4	003	朱柳晴	女	32028119960907002X	17851061569	江苏江阴	2021/10/9	财务部	
5	004	蔡志鹏	男	342622199708232397	17851061621	安徽巢湖	2021/8/11	销售部	
6	005	陈俊一	男	341302199804207236	18870401293	安徽宿州	2022/9/12	销售部	
7	006	胡超	男	36043019981001033X	13291315327	江西九江	2021/10/9	销售部	
8	007	霍正瀚	男	320723199808271616	13057235252	江苏连云港	2021/8/11	设计部	
9	008	李涛	男	320803199802282039	18501457752	江苏淮安	2022/9/12	财务部	
10	009	汤天智	男	320830199608170035	13156759762	江苏淮安	2020/10/9	销售部	
11	010	吴昊	男	320481199702280810	17605294194	江苏常州	2020/7/10	设计部	
12									

图 1-3-1　员工信息汇总表 – 修改效果图

二、实训任务分析

要完成本实训任务，应按照图 1-3-2 所示的思维导图复习教材中学到的知识和技能。

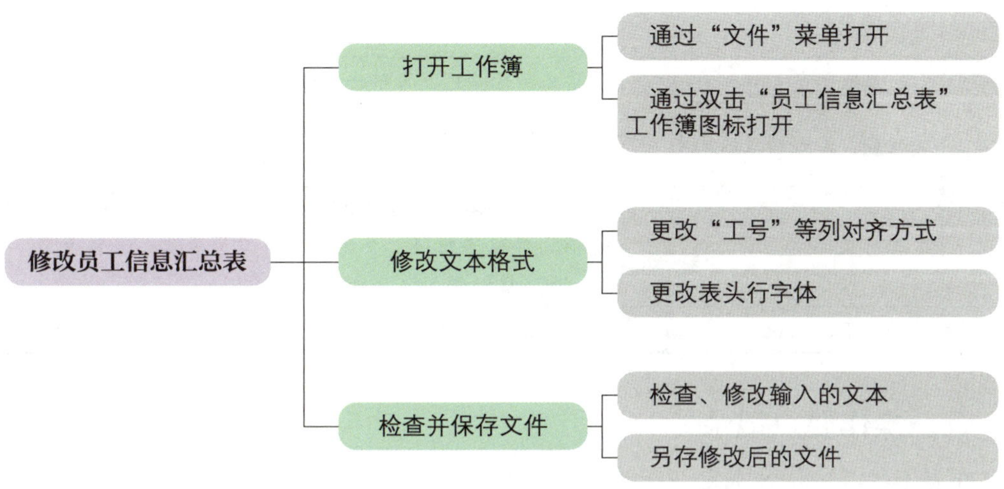

图 1-3-2 任务思维导图

本实训任务是修改员工信息汇总表，包括更改“工号”“姓名”“性别”等列的文字对齐方式和更改表头行字体等。在完成实训任务的过程中，应注意格式刷的使用方法以及通过另存的方式保存修改后文件的方法。

三、实训计划制订

根据任务分析，制订完成本实训任务的实训计划，填入表 1-3-1。

表 1-3-1 实训计划

序号	工作内容	所需时间

四、操作步骤提示

本实训任务的操作步骤提示见表 1-3-2。

表 1–3–2　操作步骤提示

序号	操作步骤	内容
1	打开工作簿	双击“员工信息汇总表”工作簿图标打开该工作簿
2	更改对齐方式	单击选中“工号”等列，再单击“开始”|“对齐方式”|“居中”按钮
3	更改表头行字体	单击行号“1”，再单击“开始”|“字体”|“加粗”按钮
4	检查、修改输入的文本	当单元格内容错误时，单击选中单元格后在编辑栏中修改，或双击单元格出现光标后修改
5	保存文件	单击“文件”|“另存为”，在弹出的“另存为”对话框中选择文件保存路径，并输入文件名“员工信息汇总表－修改.xlsx”后保存
6	关闭 Excel 2021	单击窗口控制按钮中的“关闭”按钮进行关闭

五、操作要点记录

在表 1–3–3 中记录本实训任务的操作要点。

表 1–3–3　操作要点记录

序号	操作要点	备注

六、电子表格修改记录

打开并修改电子表格，排除出现的错误，并在表 1–3–4 中做好记录。

表 1–3–4　电子表格修改记录

序号	出现错误	错误原因	处理方法

七、实训评价

本实训任务完成后，分享完成任务过程中的心得体会并展示成果，从软件操作、实训效果、成果展示等方面，采用自我评价、小组评价、教师评价相结合的多元评价方式对该实训任务进行评价，实训评价表见表 1-3-5。

表 1-3-5 实训评价表

序号	评价内容	配分 / 分	评价分数		
			自我评价（占比 30%）	小组评价（占比 30%）	教师评价（占比 40%）
1	对实训任务的分析准确到位	20			
2	能熟练打开工作簿	15			
3	能熟练更改文本对齐方式	15			
4	能熟练更改文本字体、字形	15			
5	能熟练保存工作簿	15			
6	能正确展示及解说任务成果	20			
学生姓名		综合评分			

八、巩固与练习

1. 选择题

（1）通过（　　）可以打开“员工信息汇总表”工作簿。

A. 单击“文件”|“打开”　　B. 在“最近”窗口单击文件名

C. 双击该文件图标　　D. 以上选项全对

（2）在 Excel 2021 中，将鼠标指针放在列标“A”上，会出现一个（　　）的黑色箭头。

A. 向上　　B. 向下　　C. 向左　　D. 向右

（3）想要让某一列单元格的文本居中，可以选用单击（　　）按钮的方法。

A.“插入”|“排列方式”|“居中”

B.“页面布局”|“排列方式”|“居中”

C.“开始”|“排列方式”|“居中”

D.“数据”|“排列方式”|“居中”

（4）当检查发现输入的文本有错误、需要修改时，可以（　　）。

A. 单击选中单元格后在编辑栏中修改

B. 单击单元格出现光标后修改

C. 忽略不计

D. 以上选项全对

（5）对保存在 E 盘的工作簿修改完毕后，在 F 盘保存一个备份文件的方法是（　　）。

A. 单击“文件”|“另存为”

B. 单击“文件”|“保存”

C. 单击快速访问工具栏中的“保存”按钮

D. 以上选项全对

2. 操作题

将表 1-3-6 制作成电子表格，将表头行文本加粗，将表格内数据全部设置为居中显示，并将此文件保存到“E:\”，将其命名为“项目一任务 3 操作题”。

表 1-3-6　办公耗材采购表

序号	名称	数量	单位
1	A4 纸	10	包
2	笔记本	20	个
3	档案袋	20	个
4	中性笔	40	支
5	铅笔	10	支
6	橡皮	10	块

任务 4　制作家电销售统计表

一、实训任务介绍

销售统计表是企业常用的电子表格之一，某企业人力资源部门安排科员小王统计该企业 2022 年 7~12 月家电销售情况，制作家电销售统计表。

具体要求如下：创建 Excel 2021 桌面快捷方式，启动 Excel 2021，新建一个空白工作簿，准确输入统计表内容，包括商品名称及 7~12 月销量数据等，将工作簿命名为“家电销售统计表”并保存，效果如图 1–4–1 所示。

	A	B	C	D	E	F	G	H
1	商品名称	7月	8月	9月	10月	11月	12月	
2	冰箱	162	181	154	130	132	130	
3	空调	170	201	165	160	175	180	
4	洗衣机	160	150	170	160	170	160	
5	液晶电视	154	170	160	165	172	160	
6	饮水机	170	165	170	172	170	165	
7	微波炉	165	160	172	165	160	172	
8	空气炸锅	170	170	160	170	172	170	
9	电磁炉	160	165	170	160	165	160	
10								
11								

图 1–4–1　家电销售统计表效果图

二、实训任务分析

要完成本实训任务，应按照图 1–4–2 所示的思维导图复习教材中学习的知识和技能。

图 1–4–2　任务思维导图

本实训任务是制作家电销售统计表。首先启动 Excel 2021，然后输入不同的数据，并利用单元格数据的复制和粘贴等基本操作快速完成相同数据的输入，完成制作。在完成实训任务的过程中，应注意对 Ctrl+C、Ctrl+V 等键的灵活运用。

三、实训计划制订

根据任务分析，制订完成本实训任务的实训计划，填入表 1–4–1。

表 1-4-1　实训计划

序号	工作内容	所需时间

四、操作步骤提示

本实训任务的操作步骤提示见表 1-4-2。

表 1-4-2　操作步骤提示

序号	操作步骤	内容
1	创建 Excel 2021 桌面快捷方式	单击操作系统“开始”菜单，在“Excel”上单击鼠标右键，在弹出的快捷菜单中选择“更多”|“打开文件位置”，再在打开的文件位置处的 Excel 图标上单击鼠标右键，在弹出的快捷菜单中选择“发送到”|“桌面快捷方式”
2	启动 Excel 2021	双击 Excel 2021 桌面图标启动 Excel 2021，并单击“空白工作簿”
3	输入不同数据	单击空白单元格，输入商品名称、月份及销售数据中不同的数据内容
4	复制相同数据	选择有相同销售数据的单元格，通过单击右键快捷菜单中的“复制”或按 Ctrl+C 键等方法进行复制
5	粘贴相同数据	选择需要输入相同销售数据的单元格，通过单击右键快捷菜单中的“粘贴”或按 Ctrl+V 键等方法进行粘贴
6	保存工作簿	单击快速访问工具栏中的“保存”按钮，在弹出的“另存为”对话框中选择文件保存路径，并输入文件名“家电销售统计表.xlsx”后保存
7	关闭 Excel 2021	单击窗口控制按钮中的“关闭”按钮

五、操作要点记录

在表 1-4-3 中记录本实训任务的操作要点。

表 1-4-3　操作要点记录

序号	操作要点	备注

六、电子表格制作与修改记录

制作并修改电子表格，排除出现的错误，并在表 1-4-4 中做好记录。

表 1-4-4　电子表格修改记录

序号	出现错误	错误原因	处理方法

七、实训评价

本实训任务完成后，分享完成任务过程中的心得体会并展示成果，从软件操作、实训效果、成果展示等方面，采用自我评价、小组评价、教师评价相结合的多元评价方式对该实训任务进行评价，实训评价表见表 1-4-5。

表 1-4-5　实训评价表

序号	评价内容	配分 / 分	评价分数		
			自我评价（占比 30%）	小组评价（占比 30%）	教师评价（占比 40%）
1	对实训任务的分析准确到位	20			
2	能熟练创建桌面快捷方式	15			
3	能熟练输入不同数据	30			
4	能熟练使用复制、粘贴方法	15			
5	能正确展示及解说任务成果	20			
学生姓名		综合评分			

八、巩固与练习

1. 选择题

（1）下列关于桌面快捷方式的说法中正确的是（　　）。

A. 可通过“文件”|“新建”创建

B. 可通过“发送到”|“桌面快捷方式”创建

C. 应避免桌面快捷方式

D. 以上选项全对

（2）在 Excel 2021 中快速输入相同数据时可采用（　　）的方法。

A. 复制、粘贴　　B. 逐个输入　　C. 格式刷　　D. 另存

（3）在 Excel 2021 中复制的快捷键是（　　）键。

A. Ctrl+Z　　B. Ctrl+Y　　C. Ctrl+C　　D. Ctrl+V

（4）在 Excel 2021 中粘贴的快捷键是（　　）键。

A. Ctrl+Z　　B. Ctrl+Y　　C. Ctrl+C　　D. Ctrl+V

（5）启动 Excel 2021 的方法不包括（　　）。

A. 双击 Excel 2021 桌面快捷图标

B. 双击 Excel 2021 工作簿文件名

C. 双击 Excel 2021 工作簿文件图标

D. 单击操作系统“开始”|“Excel”

2. 操作题

将表 1-4-6 制作成电子表格，并将此文件保存到“E:\”，将其命名为“项目一任务 4 操作题”。

表 1-4-6　服装库存统计表

货号	S/26	M/27	L/28	XL/29	2XL/30	3XL/31	4XL/32
001	370	365	370	372	370	365	370
002	365	360	372	365	360	372	365
003	370	370	360	370	372	370	370
004	360	365	370	360	365	360	360

项目二
工作表和工作簿基本操作与技巧

任务 1　创建商品入库单工作簿

一、实训任务介绍

某超市要求仓库管理人员创建商品入库单工作簿，在其中根据商品类别建立多个工作表。

具体要求如下：启动 Excel 2021，新建空白工作簿，在工作簿中建立多个工作表，对这些工作表进行重命名、设置标签颜色、移动、复制等操作，在此基础上，对工作表进行并排查看、拆分窗口与冻结窗格、隐藏和显示、加密保护操作，并将此工作簿保存为“商品入库单”，效果如图 2-1-1 所示。

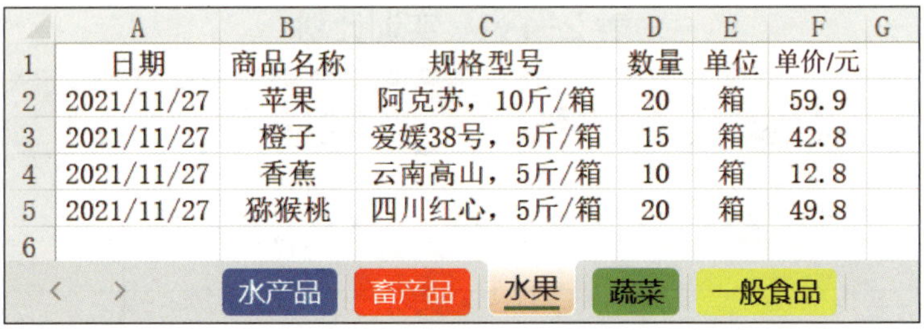

	A	B	C	D	E	F	G
1	日期	商品名称	规格型号	数量	单位	单价/元	
2	2021/11/27	苹果	阿克苏，10斤/箱	20	箱	59.9	
3	2021/11/27	橙子	爱媛38号，5斤/箱	15	箱	42.8	
4	2021/11/27	香蕉	云南高山，5斤/箱	10	箱	12.8	
5	2021/11/27	猕猴桃	四川红心，5斤/箱	20	箱	49.8	
6							

水产品　畜产品　水果　蔬菜　一般食品

图 2-1-1　商品入库单效果图

二、实训任务分析

要完成本实训任务，应按照图 2-1-2 所示的思维导图复习教材中学到的知识和技能。

本实训任务是创建商品入库单工作簿，进一步熟悉工作表、工作簿、表格的基本概念，完成工作表的直接创建、用模板创建、插入、删除、重命名、标签颜色设置、移动、复制、并排查看、显示和隐藏、拆分和冻结、密码保护等操作。在完成实训任务的过程中，应注意用模板创建工作簿的操作方法，工作表的移动与复制的区别，以及并排查看工作表、拆分窗口与冻结窗格、隐藏和显示工作表、保护工作表的作用。

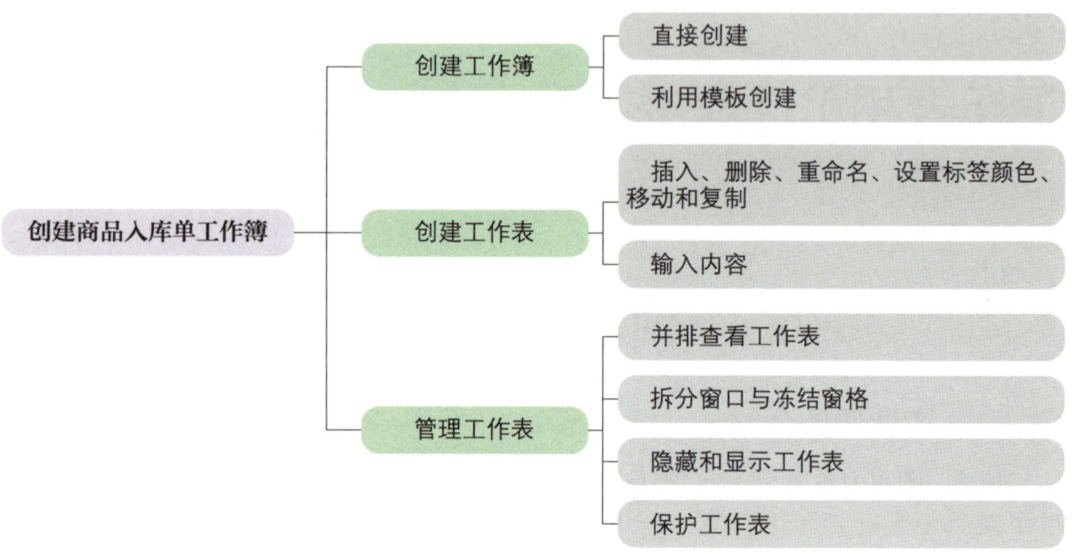

图 2-1-2　任务思维导图

三、实训计划制订

根据任务分析，制订完成本实训任务的实训计划，填入表 2-1-1。

表 2-1-1　实训计划

序号	工作内容	所需时间

四、操作步骤提示

本实训任务的操作步骤提示见表 2-1-2。

表 2-1-2　操作步骤提示

序号	操作步骤	内容
1	启动 Excel 2021	单击操作系统“开始”|“Excel”，启动 Excel 2021
2	新建工作簿	单击 Excel 2021 启动界面中的“空白工作簿”
3	插入工作表	在 Sheet1 标签上单击鼠标右键，在弹出的快捷菜单中选择“插入”，在弹出的“插入”对话框中选中“工作表”后单击“确定”按钮，如此插入 4 个工作表
4	重命名工作表	在 Sheet1 标签上单击鼠标右键，在弹出的快捷菜单中选择“重命名”，输入工作表名“水产品”。按照相同的方法，对 Sheet2~Sheet5 进行重命名
5	设置工作表标签颜色	在 Sheet1 标签上单击鼠标右键，在弹出的快捷菜单中选择“工作表标签颜色”|“蓝色”。按照同样的方法，分别将 Sheet2~Sheet5 标签颜色设置为红色、橙色、绿色、黄色
6	输入内容	选中单元格 A2，输入“2021/11/27”后，将鼠标指针放在此单元格的右下角，当鼠标指针变成黑色十字时，按住 Ctrl 键并按住鼠标左键向下拖动即可实现日期的快速输入
7	移动和复制工作表	选中需要移动或复制的工作表标签，按住鼠标左键拖动该工作表标签到目的位置（同时按住 Ctrl 键复制）
8	并排查看工作表	单击“视图”|“窗口”|“新建窗口”按钮，单击要比较的工作表标签，再单击“视图”|“窗口”|“并排查看”按钮
9	拆分窗口与冻结窗格	单击“视图”|“窗口”|“拆分”按钮。在“视图”|“窗口”|“冻结窗格”按钮的下拉菜单中选择“冻结窗格”
10	隐藏和显示工作表	在“开始”|“单元格”|“格式”按钮的下拉菜单中选择“隐藏和取消隐藏”下的选项
11	加密保护工作表	单击“审阅”|“保护”|“保护工作表”按钮，在弹出的“保护工作表”对话框中输入密码后单击“确定”按钮，在“确认密码”对话框中重新输入密码后单击“确定”按钮
12	保存文件	单击快速访问工具栏中的“保存”按钮或“文件”|“保存”，设置文件名和保存位置进行保存
13	关闭 Excel 2021	单击窗口控制按钮中的“关闭”按钮

五、操作要点记录

在表 2-1-3 中记录本实训任务的操作要点。

表 2-1-3　操作要点记录

序号	操作要点	备注

六、电子表格制作与修改记录

制作并修改电子表格，排除出现的错误，并在表 2-1-4 中做好记录。

表 2-1-4　电子表格修改记录

序号	出现错误	错误原因	处理方法

七、实训评价

本实训任务完成后，分享完成任务过程中的心得体会并展示成果，从软件操作、实训效果、成果展示等方面，采用自我评价、小组评价、教师评价相结合的多元评价方式对该实训任务进行评价，实训评价表见表 2-1-5。

表 2-1-5　实训评价表

序号	评价内容	配分 / 分	评价分数		
			自我评价（占比 30%）	小组评价（占比 30%）	教师评价（占比 40%）
1	对实训任务的分析准确到位	20			
2	能熟练对工作表进行插入、删除、重命名等操作	30			
3	能熟练对工作表进行并排查看、隐藏和显示等操作	30			
4	能正确展示及解说任务成果	20			
学生姓名		综合评分			

八、巩固与练习

1. 选择题

（1）下列关于 Excel 2021 窗格及其特点的说法中正确的是（　　）。

A. 窗格是指文档窗口的一部分，以垂直或水平条为界限并由此与其他部分分隔开

B. 通过拆分窗口操作，可以分区域查看工作表内容

C. 冻结窗格时，可以选择在工作表滚动时仍可见的特定行或列

D. 以上选项全对

（2）在 Excel 2021 中可以采用各种数字、字母、特殊字符等独立或者混合使用的方式来设置密码，密码的位数越长、（　　），安全性也越强。

A. 数字越多　　B. 字母越多

C. 混合程度越高　　D. 特殊字符越多

（3）如果需要一次性插入多个工作表，可以在按住（　　）键的同时选中多个连续的现有工作表标签，再进行插入操作。

A. Alt　　B. Ctrl

C. Shift　　D. Tab

（4）在 Excel 2021 中，同一工作簿中的不同工作表，或者不同工作簿中的工作表，都可以在 Excel 窗口中同时显示，这一功能主要用于（　　）。

A. 并排查看工作表　　B. 移动和复制工作表

C. 拆分窗口与冻结窗格　　D. 以上选项全对

（5）在 Excel 2021 中，当工作表的内容过长或者过宽，在当前窗口不能全部显示时，可以通过（　　）实现在当前窗口浏览多个区域的数据。

A. 并排查看工作表　　B. 移动和复制工作表

C. 拆分窗口与冻结窗格　　D. 以上选项全对

2. 操作题

利用 Excel 2021 自带模板，创建“个人月度预算”工作簿，如图 2–1–3 所示，并对其进行如下操作：

（1）在该工作簿中插入一个新的工作表，并将此工作表重命名为“消费记录表”。

（2）在工作簿内复制“消费记录表”，并设置复制来的工作表标签颜色为红色。

（3）对复制来的工作表设置一个密码，并将此文件保存到“E:\”，将其命名为“项目二任务 1 操作题”。

图 2-1-3 “个人月度预算”工作簿

任务 2　管理商品入库单工作簿

一、实训任务介绍

在编辑工作簿的过程中，如果突然发生故障或操作失误，却没有及时保存，则会造成不必要的损失。为避免上述情况，某超市仓库管理人员需要对商品入库单工作簿进行一系列管理操作。

具体要求如下：双击打开本任务“素材”文件夹中的“商品入库单”工作簿，进行设置工作簿的自动保存、查看和设置工作簿属性、同时显示多个工作簿、设置工作簿的保护等操作，并将此工作簿另存为“商品入库单－修改”。

二、实训任务分析

要完成本实训任务，应按照图 2-2-1 所示的思维导图复习教材中学到的知识和技能。

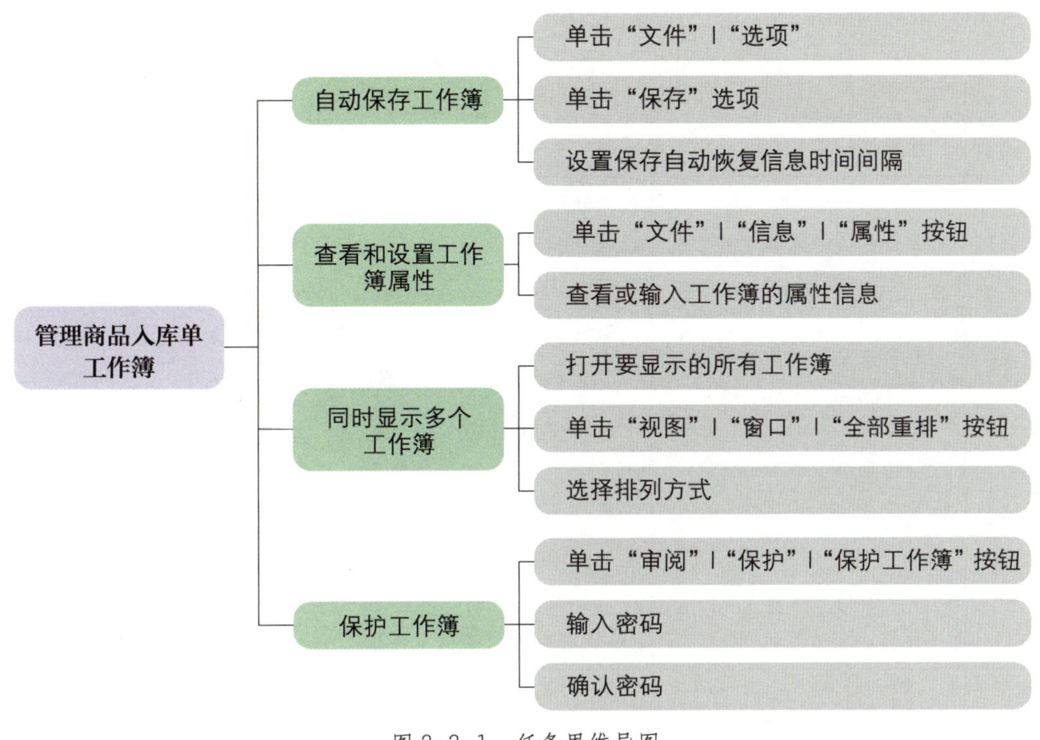

图 2-2-1　任务思维导图

本实训任务是对商品入库单工作簿进行相应管理，包括设置工作簿的自动保存、查看和设置工作簿属性、同时显示多个工作簿、设置工作簿的保护等。在完成实训任务的过程中，应注意工作簿保护与工作表保护的区别。

三、实训计划制订

根据任务分析，制订完成本实训任务的实训计划，填入表 2-2-1。

表 2-2-1　实训计划

序号	工作内容	所需时间

四、操作步骤提示

本实训任务的操作步骤提示见表 2-2-2。

表 2-2-2　操作步骤提示

序号	操作步骤	内容
1	打开工作簿	双击“商品入库单”工作簿图标打开该工作簿
2	设置自动保存工作簿	单击“文件”|“选项”，在弹出的“Excel 选项”对话框中选择“保存”，勾选“保存自动恢复信息时间间隔”复选框，设置为 10 min
3	查看并设置工作簿属性	单击“文件”|“信息”|“属性”|“高级属性”按钮，查看或输入工作簿的属性信息
4	同时显示多个工作簿	打开要显示的所有工作簿，单击“视图”|“窗口”|“全部重排”按钮，在弹出的“重排窗口”对话框中选择排列方式
5	设置保护工作簿	单击“审阅”|“保护”|“保护工作簿”按钮，在“保护结构和窗口”对话框中输入密码后单击“确定”按钮，在“确认密码”对话框中再次输入密码后单击“确定”按钮
6	保存文件	单击“文件”|“另保存”，在“另存为”对话框中设置文件名和保存位置进行保存
7	关闭 Excel 2021	单击窗口控制按钮中的“关闭”按钮

五、操作要点记录

在表 2-2-3 中记录本实训任务的操作要点。

表 2-2-3　操作要点记录

序号	操作要点	备注

六、电子表格设置记录

打开并设置电子表格，排除出现的错误，并在表 2-2-4 中做好记录。

表 2-2-4　电子表格设置记录

序号	出现错误	错误原因	处理方法

七、实训评价

本实训任务完成后，分享完成任务过程中的心得体会并展示成果，从软件操作、实训效果、成果展示等方面，采用自我评价、小组评价、教师评价相结合的多元评价方式对该实训任务进行评价，实训评价表见表 2-2-5。

表 2-2-5　实训评价表

序号	评价内容	配分 / 分	评价分数		
			自我评价（占比 30%）	小组评价（占比 30%）	教师评价（占比 40%）
1	对实训任务的分析准确到位	10			
2	能熟练设置自动保存工作簿	20			
3	能熟练查看并设置工作簿属性	20			
4	能熟练同时显示多个工作簿	20			
5	能熟练设置保护工作簿	20			
6	能正确展示及解说任务成果	10			
学生姓名		综合评分			

八、巩固与练习

1. 选择题

（1）下列关于自动保存工作簿的说法中正确的是（　　）。

A. 自动保存工作簿是指 Excel 每隔一段时间就会自动保存当前工作簿

B. 用户可根据需要设置自动保存工作簿的时间间隔

C. 自动保存工作簿能极大地降低数据丢失的可能性

D. 以上选项全对

（2）Excel 文件的摘要信息主要包括（　　）。

A. 标题　　B. 作者

C. 单位　　D. 以上选项全对

（3）下列关于保护工作簿的说法中正确的是（　　）。

A. 保护工作簿就是自动保存工作簿

B. 保护工作簿的设置无法取消

C. 保护工作簿的设置可以取消

D. 以上选项全对

（4）同时显示多个工作簿的操作步骤是先单击（　　）按钮，再选择排列方式。

A. “视图”|“窗口”|“全部重排”

B. “视图”|“窗口”|“新建窗口”

C. “视图”|“窗口”|“冻结窗格”

D. 以上选项全对

（5）对工作簿进行加密保护的操作步骤是先单击（　　）按钮，再输入密码并确认密码。

A. “审阅”|“更改”|“保护工作表”

B. “审阅”|“更改”|“保护工作簿”

C. “视图”|“更改”|“保护工作表”

D. “视图”|“更改”|“保护工作簿”

2. 操作题

（1）打开“项目一\任务 3\素材\员工信息汇总表”和“项目二\任务 2\素材\商品入库单”工作簿，使其垂直并排显示。

（2）查看“项目一\任务 3\素材\员工信息汇总表”工作簿的属性，为其加密，并将此文件保存到“E:\”，将其命名为“项目二任务 2 操作题”。

项目三
数据输入与编辑管理

任务 1　输入产品抽检数据

一、实训任务介绍

为方便进行统计分析，某企业质检部门要求检验员制作产品抽检记录表，输入产品抽检数据。

具体要求如下：启动 Excel 2021，新建空白工作簿，在工作表中输入产品编号、产品名称、产品体积、体积误差、产品质量、质量误差等基本信息，将标题行合并单元格后设置为字体加粗、居中，设置字号为 15，将第 2、3 行内容设置为字体加粗，并为记录数据部分添加框线，将此工作簿保存为“产品抽检记录表”，效果如图 3-1-1 所示。

	A	B	C	D	E	F	G
1	产品抽检记录表						
2	检验员：	徐超			抽验日期：	2021/12/21	
3	产品编号	产品名称	产品体积/cm^3	体积误差/cm^3	产品质量/mg	质量误差/mg	
4	0001	产品1	21.1	0.1	48.53	2.53	
5	0002	产品2	19.8	-0.2	45.54	-0.46	
6	0003	产品3	21	1	48.3	2.3	
7	0004	产品4	19.8	-0.2	45.54	-0.46	
8	0005	产品5	20.2	0.2	46.46	0.46	
9							

图 3-1-1　产品抽检记录表效果图

二、实训任务分析

要完成本实训任务，应按照图 3-1-2 所示的思维导图复习教材中学到的知识和技能。

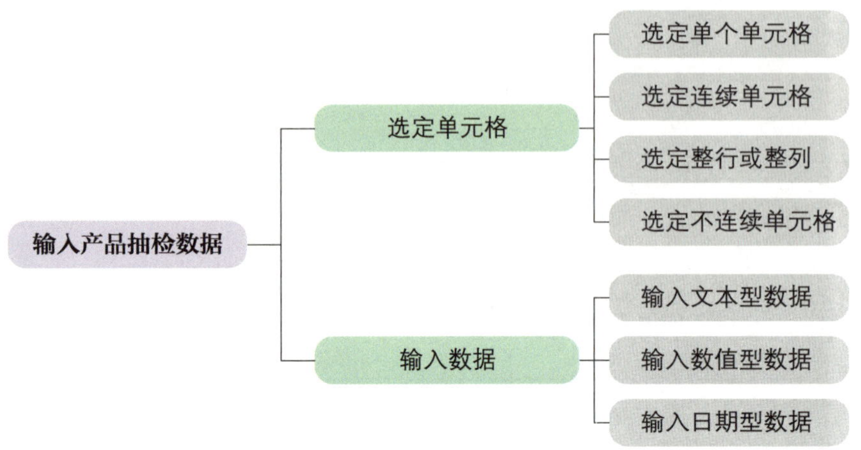

图 3-1-2　任务思维导图

本实训任务是在产品抽检记录表中输入产品抽检数据。产品抽检记录表中数据类型主要包括文本型、数值型和日期型数据，通过选定相应的单元格或单元格区域，再运用不同类型数据输入的方法进行对应输入。在完成实训任务的过程中，应注意单元格选定的不同情况和不同类型数据的输入方法。

三、实训计划制订

根据任务分析，制订完成本实训任务的实训计划，填入表 3-1-1。

表 3-1-1　实训计划

序号	工作内容	所需时间

四、操作步骤提示

本实训任务的操作步骤提示见表 3-1-2。

表 3-1-2　操作步骤提示

序号	操作步骤	内容
1	启动 Excel 2021	单击操作系统“开始”|“Excel”，启动 Excel 2021
2	新建工作簿	单击 Excel 2021 启动界面中的“空白工作簿”

续表

序号	操作步骤	内容
3	选定单元格或单元格区域	选定单个单元格：单击待选定的单元格。 选定连续单元格区域：按下鼠标左键框选连续的单元格区域。 选定不连续单元格区域：按住 Ctrl 键的同时，依次单击或框选不连续的单元格区域
4	输入数据	通过键盘输入文本型、数值型、日期型数据，注意上标设置、换行输入、文本型数据输入、负数输入、相同数据输入的技巧。 上标设置：输入“cm3”后，选中“3”，单击“开始”|“字体”组中的扩展按钮，在弹出的“设置单元格格式”对话框中的“特殊效果”栏中勾选“上标”复选框，单击“确定”按钮。 换行输入：选中单元格区域 A3:F3，输入文字后，同时按下 Alt+Enter 键，再输入单位。 文本型数据输入：先输入英文状态下的单引号“ ' ”，再输入数字。 负数输入：输入负号“–”后输入负数的数字部分或输入“(数字部分)”后按 Enter 键。 相同数据输入：单击选中单元格 C5，按住 Ctrl 键的同时单击单元格 C7，输入数据“19.8”，再按 Ctrl+Enter 键，即可完成相同数据的输入
5	表格美化	选中单元格区域 A1:F1，单击“开始”|“对齐方式”|“合并后居中”按钮并设置字号；选中单元格区域 A1:F3，单击“开始”|“字体”|“加粗”按钮；按住鼠标左键选中单元格区域 A3:F8，单击“开始”|“字体”|“边框”按钮添加所有框线
6	保存文件	单击快速访问工具栏中的“保存”按钮或“文件”|“保存”，设置文件名和保存位置进行保存
7	关闭 Excel 2021	单击窗口控制按钮中的“关闭”按钮进行关闭

五、操作要点记录

在表 3–1–3 中记录本实训任务的操作要点。

表 3-1-3　操作要点记录

序号	操作要点	备注

六、电子表格制作与修改记录

制作并修改电子表格，排除出现的错误，并在表 3-1-4 中做好记录。

表 3-1-4　电子表格修改记录

序号	出现错误	错误原因	处理方法

七、实训评价

本实训任务完成后，分享完成任务过程中的心得体会并展示成果，从软件操作、实训效果、成果展示等方面，采用自我评价、小组评价、教师评价相结合的多元评价方式对该实训任务进行评价，实训评价表见表 3-1-5。

表 3-1-5　实训评价表

序号	评价内容	配分 / 分	评价分数		
			自我评价（占比 30%）	小组评价（占比 30%）	教师评价（占比 40%）
1	对实训任务的分析准确到位	20			
2	软件运用熟练，操作得当	20			
3	能熟练选定单元格	20			
4	能熟练输入不同类型的数据	20			
5	能正确展示及解说任务成果	20			
学生姓名		综合评分			

八、巩固与练习

1. 选择题

（1）在 Excel 2021 中数据的类型包括（　　）型。

A. 文本　　B. 数值

C. 日期　　D. 以上选项全对

（2）在 Excel 2021 中，对于数值型数据，每个单元格在默认情况下只能显示（　　）位的数值，如果大于此位数，将会用科学记数法来表示。

A. 11　　B. 12　　C. 13　　D. 14

（3）在 Excel 2021 中，选定单元格后名称框中出现该单元格的名称，即该单元格的（　　）。

A. 列标　　B. 行号　　C. 列标和行号　　D. 宽度

（4）在 Excel 2021 中，要选择连续的单元格区域，可以先单击选中一个单元格，按住（　　）键的同时再单击选中最后一个单元格，松开鼠标即可。

A. Ctrl　　B. Shift　　C. Tab　　D. Enter

（5）在 Excel 2021 中，要在一个单元格中输入多行数据，可通过（　　）键换行。

A. Ctrl+Enter　　B. Shift+Enter

C. Alt+Enter　　D. 以上选项全对

2. 操作题

在 Excel 2021 中新建一个空白工作簿，并综合运用各类便捷的方法输入图 3-1-3 所示的数据，并将此文件保存到"E:\"，将其命名为"项目三任务 1 操作题"。

	A	B	C	D	E	F	G	H	I
1	预防性消毒工作记录表（实训室）								
2	消毒场所：　4#316					执行标准:DB32/T 3757-2020			
3	序号	日期	消毒时间	消毒人员	消毒液有效成分及使用浓度	作用时间	消毒方式	消毒后确认人	
4	1	2022/12/18	16:30	蔡志鹏	84消毒液 500mg/L	30min	喷洒	张敏婕	
5	2	2022/12/19	16:30	蔡志鹏	84消毒液 500mg/L	30min	喷洒	张敏婕	
6	3	2022/12/20	16:30	蔡志鹏	84消毒液 500mg/L	30min	喷洒	张敏婕	
7	4	2022/12/21	16:30	蔡志鹏	84消毒液 500mg/L	30min	喷洒	张敏婕	
8	5	2022/12/22	16:30	蔡志鹏	84消毒液 500mg/L	30min	喷洒	张敏婕	
9	6								

图 3-1-3　预防性消毒工作记录表（实训室）效果图

任务 2　快速输入统计数据

一、实训任务介绍

某企业要求内勤人员制作某产品年产量、销量及目标达成度统计表，并运用各类便捷方法将统计数据快速输入到电子表格中。

具体要求如下：启动 Excel 2021，新建空白工作簿，运用自动编辑、快速填充等快速输入方法输入月份、产量、销量、目标达成度、是否合格等统计数据，将标题行合并单元格后设置为字体加粗、居中、字号 12，行高 34，并对统计数据部分添加默认框线，将此工作簿按表标题命名并保存，效果如图 3-2-1 所示。

	A	B	C	D	E	F
1	**某产品年产量、销量及目标达成度统计表**					
2	月份	产量（万箱）	销量（万箱）	目标达成度	是否合格	
3	一月	100	100	100%	是	
4	二月	110	105	95%	否	
5	三月	100	105	105%	是	
6	四月	110	110	100%	是	
7	五月	110	110	100%	是	
8	六月	110	110	100%	是	
9	七月	120	110	92%	否	
10	八月	110	115	105%	是	
11	九月	120	120	100%	是	
12	十月	120	120	100%	是	
13	十一月	130	125	96%	否	
14	十二月	130	135	104%	是	
15						

图 3-2-1　某产品年产量、销量及目标达成度统计表效果图

二、实训任务分析

要完成本实训任务，应按照图 3-2-2 所示的思维导图复习教材中学到的知识和技能。

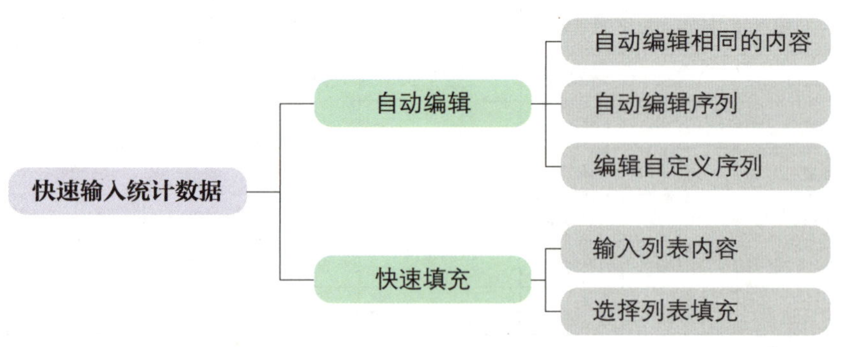

图 3-2-2　任务思维导图

本实训任务是根据统计数据特点，运用快速输入方法将某产品的统计数据快速输入到电子表格中。在完成实训任务的过程中，应注意相同内容、序列、自定义序列的编辑方法，以及输入列表内容后选择列表进行快速填充的方法。

三、实训计划制订

根据任务分析，制订完成本实训任务的实训计划，填入表 3–2–1。

表 3–2–1 实训计划

序号	工作内容	所需时间

四、操作步骤提示

本实训任务的操作步骤提示见表 3–2–2。

表 3–2–2 操作步骤提示

序号	操作步骤	内容
1	启动 Excel 2021	单击操作系统“开始”|“Excel”，启动 Excel 2021
2	新建工作簿	单击 Excel 2021 启动界面中的“空白工作簿”
3	输入标题部分	选中单元格 A1，输入标题部分文字；选中单元格区域 A1:F1，单击“开始”|“对齐方式”|“合并后居中”按钮设置标题居中；单击第 1 行行号，在“开始”|“字体”组中选择“字号”为“12”，单击“加粗”按钮，设置标题行文字格式；单击第 1 行行号，在右键快捷菜单中选择“行高”，设置“行高”为“34”
4	自动编辑相同的内容	选中第一个需要输入数据的单元格 B3，按住 Ctrl 键的同时，单击选中输入内容与之相同的单元格 C3、B5，输入“100”，再按 Ctrl+Enter 键即可完成输入，其他相同内容的单元格输入方法与此相同
5	自动编辑序列	选中单元格 A3，输入“一月”，将鼠标指针移动到该单元格绿粗框的右下角，待其变为填充柄“十”形状后，按住鼠标左键框选至最后一个需要输入月份的单元格 A14，松开鼠标即可

续表

序号	操作步骤	内容
6	选择列表填充	选中单元格 E3，输入“是”，选中单元格 E4，输入“否”，选中单元格 E5，按 Alt+↓键，会出现一个下拉列表，在其中选择所需内容，按此方法输入此列余下单元格的内容
7	添加框线	选中单元格区域 A2:E14，在“开始”|“字体”|“边框”按钮的下拉菜单中选择“所有框线”，为表格数据部分添加默认框线
8	保存文件	单击快速访问工具栏中的“保存”按钮或“文件”|“保存”，设置文件名和保存位置进行保存
9	关闭 Excel 2021	单击窗口控制按钮中的“关闭”按钮进行关闭

五、操作要点记录

在表 3-2-3 中记录本实训任务的操作要点。

表 3-2-3　操作要点记录

序号	操作要点	备注

六、电子表格制作与修改记录

制作并修改电子表格，排除出现的错误，并在表 3-2-4 中做好记录。

表 3-2-4　电子表格修改记录

序号	出现错误	错误原因	处理方法

七、实训评价

本实训任务完成后，分享完成任务过程中的心得体会并展示成果，从软件操作、实训效果、成果展示等方面，采用自我评价、小组评价、教师评价相结合的多元评价方式对该实训任务进行评价，实训评价表见表 3-2-5。

表 3-2-5　实训评价表

序号	评价内容	配分 / 分	评价分数		
			自我评价（占比 30%）	小组评价（占比 30%）	教师评价（占比 40%）
1	对实训任务的分析准确到位	20			
2	能熟练编辑相同内容	20			
3	能熟练编辑序列	20			
4	能熟练选择列表填充	20			
5	能正确展示及解说任务成果	20			
学生姓名		综合评分			

八、巩固与练习

1. 选择题

（1）在某单元格中输入阿拉伯数字“1”，按下 Ctrl 键的同时，向下拖动该单元格右下角的填充柄填充的序列是（　　）。

A. 数字递增的序列　　B. 数字相同的序列

C. 空白单元格　　D. 以上选项都不对

（2）在某单元格中输入日期“2021–07–31”，按下 Ctrl 键的同时，向下拖动该单元格右下角的填充柄填充的序列是（　　）。

A. 日期递增的序列　　B. 日期相同的序列

C. 空白单元格　　D. 以上选项都不对

（3）下列说法中错误的是（　　）。

A. 复制单元格指既复制单元格的内容，又复制单元格的格式

B. 填充序列一定是以公差为 1 的等差序列填充

C. 仅填充格式指不复制单元格的内容，仅复制单元格的格式

D. 不带格式填充指不复制单元格的格式，仅复制单元格的内容

（4）借助下列（　　）键，可以为不连续的单元格区域快速填充相同内容。

A. Alt+ → B. Ctrl+ → C. Ctrl+Enter D. Alt+Enter

（5）在 Excel 2021 中可以通过填充柄填写有规律的序列，下列序列中属于有规律序列的是（ ）。

A. 1，2，3，4，5

B. 赵，钱，孙，李，周

C. 一月，二月，三月，四月，五月

D. 以上选项全对

2. 操作题

在 Excel 2021 中采用快速输入的方法完成表 3-2-6 所列内容的输入，并将此文件保存到“E:\”，将其命名为“项目三任务 2 操作题”。

表 3-2-6 2021—2022 学年第一学期（1~7 周）某班课表

节次		星期一	星期二	星期三	星期四	星期五
上午	1~2	建筑 CAD	英语	心理健康教育	建筑 CAD	语文
	3~4	建筑 CAD	语文	英语	建筑 CAD	体育
下午	5~6	建筑 CAD	建筑 CAD	建筑 CAD	建筑 CAD	班会
	7	建筑 CAD	建筑 CAD	建筑 CAD	建筑 CAD	

任务 3 编辑员工通讯录

一、实训任务介绍

为方便各部门工作交流，某企业人力资源部门制作了员工通讯录的电子表格，由于人员信息变动，现需要对该电子表格进行一些编辑和管理操作。

具体要求如下：双击打开本任务“素材”文件夹中的“员工通讯录”工作簿，根据人员信息变动情况，进行数据的有效性编辑、添加批注、移动、清除和删除、撤销和恢复、插入、复制和粘贴、查找和替换等编辑管理操作，如设置“联系电话”的数据有效性为文本长度 11、为新员工添加批注、将错误电话替换为正确电话等，并将此工作簿另存为“员工通讯录 - 修改”，效果如图 3-3-1 所示。

员工通讯录							
工号	姓名	性别	联系电话	办公地点	E-mail	职位	所在部门
001	张敏婕	女	18015392793	4#321	zmj@163.com	经理	设计部
002	朱柳晴	女	17851061569	4#301	zlq@sina.com	总监	财务部
003	钟凯琳	女	18018206066	4#321	zkl@sina.com	员工	设计部
004	蔡志鹏	男	18151061626	4#316	czp@163.com	经理	销售部
005	陈俊一	男	18870401293	4#316	cjy@163.com	员工	销售部
006	胡超	男	13291315327	4#316	hch@sina.com	员工	销售部
007	霍正瀚	男	13057235252	4#321	hzh@163.com	员工	设计部
008	李涛	男	18501457752	4#301	litao@sina.com	员工	财务部
009	汤天智	男	13156759762	4#316	ttzh@sina.com	总监	销售部
010	吴昊			4#321	wuhao@163.com	员工	设计部

zhaohh:
新员工

图 3-3-1　员工通讯录 - 修改效果图

二、实训任务分析

要完成本实训任务，应按照图 3-3-2 所示的思维导图复习教材中学到的知识和技能。

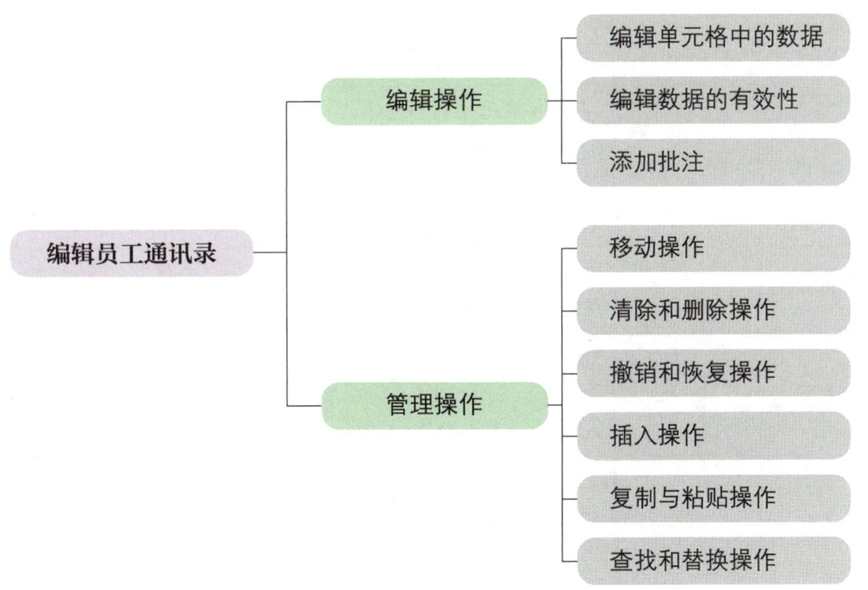

图 3-3-2　任务思维导图

本实训任务是编辑和管理员工通讯录，包括数据的有效性编辑、添加批注、移动、清除和删除、撤销和恢复、查找和替换等。在完成实训任务的过程中，要清楚清除和删除的区别，应注意有效性编辑的方法和撤销与恢复方法的灵活运用。

三、实训计划制订

根据任务分析，制订完成本实训任务的实训计划，填入表 3-3-1。

表 3-3-1　实训计划

序号	工作内容	所需时间

四、操作步骤提示

本实训任务的操作步骤提示见表 3-3-2。

表 3-3-2　操作步骤提示

序号	操作步骤	内容
1	打开工作簿	双击“员工通讯录”工作簿图标打开该工作簿
2	编辑数据的有效性	选中单元格区域 D3:D12，单击“数据”|“数据工具”|“数据验证”按钮，在弹出的“数据验证”对话框中单击“设置”选项卡，在“允许”下拉列表中选择“文本长度”，在“数据”下拉列表中选择“等于”，在“长度”中输入“11”，单击“确定”按钮
3	添加批注	选中单元格 B12，单击“审阅”|“批注”|“新建批注”按钮，输入批注内容“新员工”
4	移动操作	选中单元格区域 B4:G4，单击“开始”|“剪贴板”|“剪切”按钮或按 Ctrl+X 键，选中单元格 B6，在右键快捷菜单中选择“插入剪切的单元格”
5	清除和删除操作	选中单元格 B7，在右键快捷菜单中选择“删除”，在“删除”对话框中选择“整行”，单击“确定”按钮。 若某单元格或者单元格区域需要重新输入内容，则选中该单元格或者单元格区域，在右键快捷菜单中选择“清除内容”即可
6	撤销和恢复操作	单击快速访问工具栏中的“撤销”按钮或按 Ctrl+Z 键。 若撤销后又需要恢复前一操作，则可单击快速访问工具栏中的“恢复”按钮或按 Ctrl+Y 键
7	插入操作	选中 G 列单元格，单击“开始”|“单元格”|“插入”按钮，插入“职位”列

续表

序号	操作步骤	内容
8	复制和粘贴操作	选中单元格 G3，输入“经理”，单击“开始”|“剪贴板”|“复制”按钮或按 Ctrl+C 键，选中单元格 G6，单击“开始”|“剪贴板”|“粘贴”按钮或按 Ctrl+V 键
9	查找和替换操作	在“开始”|“编辑”|“查找和选择”按钮的下拉菜单中选择“替换”，在弹出的“查找和替换”对话框中单击“替换”选项卡，在“查找内容”中输入“17851061621”，在“替换为”中输入“18151061626”，单击“查找下一个”按钮找到需替换的文字后单击“替换”按钮
10	保存文件	单击“文件”|“另存为”，设置文件名和保存位置进行保存
11	关闭 Excel 2021	单击窗口控制按钮中的“关闭”按钮进行关闭

五、操作要点记录

在表 3-3-3 中记录本实训任务的操作要点。

表 3-3-3　操作要点记录

序号	操作要点	备注

六、电子表格修改记录

打开并修改电子表格，排除出现的错误，并在表 3-3-4 中做好记录。

表 3-3-4　电子表格修改记录

序号	出现错误	错误原因	处理方法

七、实训评价

本实训任务完成后，分享完成任务过程中的心得体会并展示成果，从软件操作、实训效果、成果展示等方面，采用自我评价、小组评价、教师评价相结合的多元评价方式对该实训任务进行评价，实训评价表见表 3–3–5。

表 3–3–5　实训评价表

序号	评价内容	配分/分	评价分数		
			自我评价（占比 30%）	小组评价（占比 30%）	教师评价（占比 40%）
1	对实训任务的分析准确到位	10			
2	能熟练进行编辑数据有效性、添加批注等操作	30			
3	能熟练进行插入、移动、复制、清除、删除、查找、替换、撤销、恢复等操作	50			
4	能正确展示及解说任务成果	10			
学生姓名		综合评分			

八、巩固与练习

1. 选择题

（1）在 Excel 2021 中，可对单元格内容进行解释说明的操作是（　　）。

A. 清除和删除　　B. 添加批注

C. 查找和替换　　D. 撤销和恢复

（2）在 Excel 2021 中，撤销操作的快捷键是（　　）键。

A. Ctrl+V　　B. Ctrl+C　　C. Ctrl+X　　D. Ctrl+Z

（3）在 Excel 2021 中，下列关于清除和删除的说法中正确的是（　　）。

A. 清除可以仅清除格式，不清除内容

B. 清除仅能清除内容，不清除格式

C. 删除仅能清除内容，不清除格式

D. 以上选项全对

（4）在 Excel 2021 中，“查找”功能的快捷键是（　　）键。

A. Ctrl+A　　B. Ctrl+F

C. Ctrl+Z　　　　　　　　　　　　　　　D. 以上选项全对

（5）在 Excel 2021 中，对修改内容时的错误操作最好的补救措施是（　　）。

A. 重新修改　　　　　　　　　　　　　　B. 剪切操作

C. 恢复操作　　　　　　　　　　　　　　D. 撤销操作

2. 操作题

对“项目三 \ 任务 3\ 素材 \ 某班课表”进行如下操作：

（1）将星期三第 3 ~ 4 节课的“英语”改为“音乐”，并为此列添加输入信息提示，提示内容为“请输入课程名称”，如图 3-3-3 所示。

2021—2022学年第一学期(1-7周) 某班课表						
节次		星期一	星期二	星期三	星期四	星期五
上午	1~2	建筑CAD	英语	心理健康教育	建筑CAD	语文
	3~4	建筑CAD	语文	音乐	建筑CAD	体育
下午	5~6	建筑CAD	建筑CAD	建筑	CAD	班会
	7	建筑CAD	建筑CAD	建筑	CAD	

提示
请输入课程名称

图 3-3-3　添加输入信息提示效果图

（2）为表标题添加批注，批注内容为“此课表执行日期为 2021.9—2021.10”，如图 3-3-4 所示。

2021—2022学年第一学期(1-7周) 某班课表						
节次		星期一	星期二	星期三	星期四	星期五
上午	1~2	建筑CAD	英语	心理健康教育	建筑CAD	语文
	3~4	建筑CAD	语文	音乐	建筑CAD	体育
下午	5~6	建筑CAD	建筑CAD	建筑CAD	建筑CAD	班会
	7	建筑CAD	建筑CAD	建筑CAD	建筑CAD	

zhaohh:
此课表执行日期为
2021. 9—2021. 10

图 3-3-4　添加批注效果图

（3）清除星期一下午 5~6 节的内容，输入内容“体育”，删除第 6 行的内容，并将此文件保存到“E:\”，将其命名为“项目三任务 3 操作题”。

项目四
表格样式编排和数据管理

任务 1　编排销售业绩表单元格格式

一、实训任务介绍

为方便查看和对比分析销售业绩，某公司营销部门要求内勤人员编排销售业绩表格式，突出显示优秀的员工及其业绩情况。

具体要求如下：双击打开本任务“素材”文件夹中的“销售业绩表”工作簿，设置单元格区域 A2:G10 行高为 14、列宽为 8，设置表标题填充背景色为红色，图案颜色为“金色，个性色 4，淡色 40%”，图案样式为“细　垂直　条纹”，字体为等线（正文），字号为 16，字形为加粗，列标题填充背景色为“蓝色，个性色 1，淡色 40%”，销售业绩为 92 500 元及以上的数据字形为加粗倾斜，表格内所有数据水平居中，将此工作簿另存为“销售业绩表 – 修改”，效果如图 4–1–1 所示。

	A	B	C	D	E	F	G	H
1	2021年上半年销售业绩表　单位：元							
2		一月	二月	三月	四月	五月	六月	
3	蔡志鹏	92000	64000	***97000***	***93000***	75000	***93000***	
4	陈俊一	***93000***	71500	92000	***96500***	87000	61000	
5	胡超	***93050***	85500	77000	81000	***95000***	78000	
6	汤天智	***96000***	72500	***100000***	86000	62000	87500	
7	李乐	***96500***	86500	90500	***94000***	***99500***	70000	
8	孙笑冉	***97500***	76000	72000	***92500***	84500	78000	
9	赵玥同	56000	77500	85000	83000	74500	79000	
10	张敏婕	58500	90000	88500	***97000***	72000	65000	
11								

图 4-1-1　销售业绩表 – 修改效果图

二、实训任务分析

要完成本实训任务，应按照图 4–1–2 所示的思维导图复习教材中学到的知识和技能。

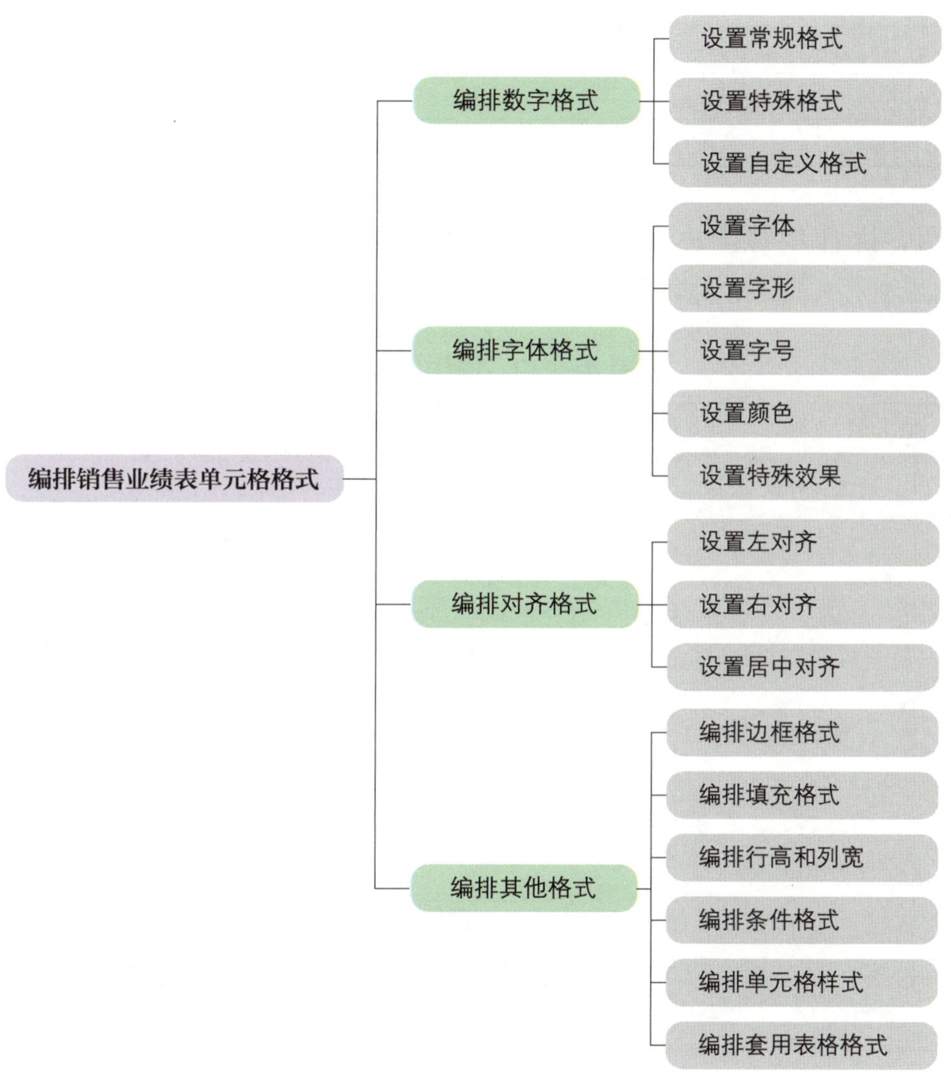

图 4–1–2　任务思维导图

本实训任务是对销售业绩表进行格式编排，主要包括数字、字体、对齐和条件格式等格式的编排，通过选定相应的单元格或单元格区域，运用不同格式的设置方法进行格式编排。在完成实训任务的过程中，应注意条件格式的设置方法。

三、实训计划制订

根据任务分析，制订完成本实训任务的实训计划，填入表 4–1–1。

表 4–1–1　实训计划

序号	工作内容	所需时间

四、操作步骤提示

本实训任务的操作步骤提示见表 4–1–2。

表 4–1–2　操作步骤提示

序号	操作步骤	内容
1	打开工作簿	双击“销售业绩表”工作簿图标打开该工作簿
2	设置单元格格式	表标题：选中表标题单元格，在右键快捷菜单中选择“设置单元格格式”，在弹出的“设置单元格格式”对话框中单击“填充”选项卡，在“背景色”中选择“红色”，在“图案颜色”下拉列表中选择“金色，个性色 4，淡色 40%”，在“图案样式”下拉列表中选择“细 垂直 条纹”。单击“字体”选项卡，设置“字体”为“等线（正文）”、“字号”为“16”、“字形”为“加粗”。 列标题：选中单元格区域 A2:G2，在“设置单元格格式”对话框中单击“填充”选项卡，在“背景色”中选择“蓝色，个性色 1，淡色 40%”。 表格内所有数据：选中所有数据单元格，单击“开始”|“对齐方式”|“居中”按钮
3	设置行高和列宽	选中单元格区域 A2:G10，在“开始”|“单元格”|“格式”按钮的下拉菜单中设置“行高”为“14”、“列宽”为“8”
4	设置条件格式	选中单元格区域 B3:G10，在“开始”|“样式”|“条件格式”按钮的下拉菜单中选择“突出显示单元格规则”|“其他规则”，在弹出的“新建格式规则”对话框中的“只为满足以下条件的单元格设置格式”下，选择“单元格值”“大于或等于”“92 500”，单击“格式”按钮，在弹出的“设置单元格格式”对话框中单击“字体”选项卡，设置“字形”为“加粗倾斜”
5	保存文件	单击“文件”|“另存为”，设置文件名和保存位置进行保存
6	关闭 Excel 2021	单击窗口控制按钮中的“关闭”按钮进行关闭

五、操作要点记录

在表 4–1–3 中记录本实训任务的操作要点。

表 4–1–3　操作要点记录

序号	操作要点	备注

六、电子表格修改记录

打开并修改电子表格，排除出现的错误，并在表 4–1–4 中做好记录。

表 4–1–4　电子表格修改记录

序号	出现错误	错误原因	处理方法

七、实训评价

本实训任务完成后，分享完成任务过程中的心得体会并展示成果，从软件操作、实训效果、成果展示等方面，采用自我评价、小组评价、教师评价相结合的多元评价方式对该实训任务进行评价，实训评价表见表 4–1–5。

表 4–1–5　实训评价表

序号	评价内容	配分 / 分	评价分数		
			自我评价（占比 30%）	小组评价（占比 30%）	教师评价（占比 40%）
1	对实训任务的分析准确到位	20			
2	软件运用熟练，操作得当	20			

续表

序号	评价内容		配分／分	评价分数		
				自我评价（占比 30%）	小组评价（占比 30%）	教师评价（占比 40%）
3	能熟练编排单元格格式		50			
4	能正确展示及解说任务成果		10			
学生姓名			综合评分			

八、巩固与练习

1. 选择题

（1）在 Excel 2021 中，可以编排的单元格格式包括（　　）。

A. 字体和字号　　B. 对齐和边框

C. 行高和列宽　　D. 以上选项全对

（2）在 Excel 2021 中，可以设置货币符号、小数位数及负数的显示形式等的数据类型是（　　）型。

A. 常规　　B. 数值

C. 货币　　D. 日期

（3）在 Excel 2021 中，可以对单元格周围的线型以及填充的颜色、方式等进行设置的是（　　）。

A. 条件格式　　B. 边框和填充

C. 单元格样式　　D. 自动套用表格格式

（4）在 Excel 2021 中，当单元格中内容过多，占用了其他单元格或者无法显示时，可以在“设置单元格格式”对话框中“对齐”选项卡中的“文本控制”栏下选择（　　）。

A. 自动换行　　B. 缩小字体填充

C. 合并单元格　　D. 以上选项全对

（5）在 Excel 2021 中，如果要为单元格填充背景色，下列说法中不正确的是（　　）。

A. 首先选中要填充的单元格，再在“设置单元格格式”对话框中单击“填充”选项卡，然后在“背景色”下选择颜色

B. 单击“填充”选项卡中的“填充效果”按钮，可以对单元格进行两种颜色以及

不同底纹样式填充的设置

C. 用户不可以自定义填充颜色，只能在“填充”选项卡中选择标准颜色

D. 在“填充”选项卡的右半部分可设置填充的图案

2. 操作题

对“项目四\任务 1\素材\销售业绩表”进行如下操作：

（1）采用条件格式编排的方法，将按数据由大到小排序的前 10 项数据的单元格设置为“浅红填充色深红色文本”，效果如图 4-1-3 所示。

	A	B	C	D	E	F	G
1		2021年上半年销售业绩表				单位：元	
2		一月	二月	三月	四月	五月	六月
3	蔡志鹏	92000	64000	97000	93000	75000	93000
4	陈俊一	93000	71500	92000	96500	87000	61000
5	胡超	93050	85500	77000	81000	95000	78000
6	汤天智	96000	72500	100000	86000	62000	87500
7	李乐	96500	86500	90500	94000	99500	70000
8	孙笑冉	97500	76000	72000	92500	84500	78000
9	赵玥同	56000	77500	85000	83000	74500	79000
10	张敏婕	58500	90000	88500	97000	72000	65000
11							

图 4-1-3　销售业绩表按条件格式编排效果图

（2）设置单元格区域 A2:A10 套用表格格式“蓝色，表样式浅色 9”，效果如图 4-1-4 所示，并将此文件保存到“E:\”，将其命名为“项目四任务 1 操作题”。

	A	B	C	D	E	F	G
1		2021年上半年销售业绩表				单位：元	
2	列1	一月	二月	三月	四月	五月	六月
3	蔡志鹏	92000	64000	97000	93000	75000	93000
4	陈俊一	93000	71500	92000	96500	87000	61000
5	胡超	93050	85500	77000	81000	95000	78000
6	汤天智	96000	72500	100000	86000	62000	87500
7	李乐	96500	86500	90500	94000	99500	70000
8	孙笑冉	97500	76000	72000	92500	84500	78000
9	赵玥同	56000	77500	85000	83000	74500	79000
10	张敏婕	58500	90000	88500	97000	72000	65000
11							

图 4-1-4　销售业绩表套用表格格式效果图

任务 2　管理销售业绩表

一、实训任务介绍

某企业销售部门内勤人员制作了部门销售业绩表，并已将统计数据输入到电子表中，接下来需要对部门销售业绩表中的数据进行分析。

具体要求如下：双击打开本任务“素材”文件夹中的“部门销售业绩表”工作簿，运用筛选、排序、分类汇总等方式对销售业绩表进行数据分析，筛选出总额大于 500 000 元的女销售员销售信息，分类汇总男女销售员平均销售额，将此工作簿另存为“部门销售业绩表 – 修改”，效果如图 4–2–1 所示。

	A	B	C	D	E	F	G	H	I	J	K
1				2021年上半年销售业绩表				单位：元			
2	部门	姓名	性别	一月	二月	三月	四月	五月	六月	总额	
3	销售一部	蔡志鹏	男	92000	64000	97000	93000	75000	93000	514000	
4	销售一部	汤天智	男	96000	72500	100000	86000	62000	87500	504000	
5	销售二部	陈俊一	男	93000	71500	92000	96500	87000	61000	501000	
6	销售二部	胡超	男	93050	85500	77000	81000	95000	78000	509550	
7			男 平均值							507137.5	
8	销售一部	孙笑冉	女	97500	76000	72000	92500	84500	78000	500500	
9	销售一部	张敏婕	女	58500	90000	88500	97000	72000	65000	471000	
10	销售二部	李乐	女	96500	86500	90500	94000	99500	70000	537000	
11	销售二部	赵玥同	女	56000	77500	85000	83000	74500	79000	455000	
12			女 平均值							490875	
13			总计平均值							499006.3	
14											
15											
16											
17											
18				性别	总额						
19				女	>500000						
20											
21	部门	姓名	性别	一月	二月	三月	四月	五月	六月	总额	
22	销售一部	孙笑冉	女	97500	76000	72000	92500	84500	78000	500500	
23	销售二部	李乐	女	96500	86500	90500	94000	99500	70000	537000	
24											

图 4–2–1　部门销售业绩表 – 修改效果图

二、实训任务分析

要完成本实训任务，应按照图 4–2–2 所示的思维导图复习教材中学到的知识和技能。

本实训任务通过对部门销售业绩表的管理操作进行数据分析。管理操作包括数据的筛选、排序、分类汇总等。在完成实训任务的过程中，应注意高级筛选的条件设置、自定义排序的方法，以及分类汇总的前提是对分类字段进行排序。

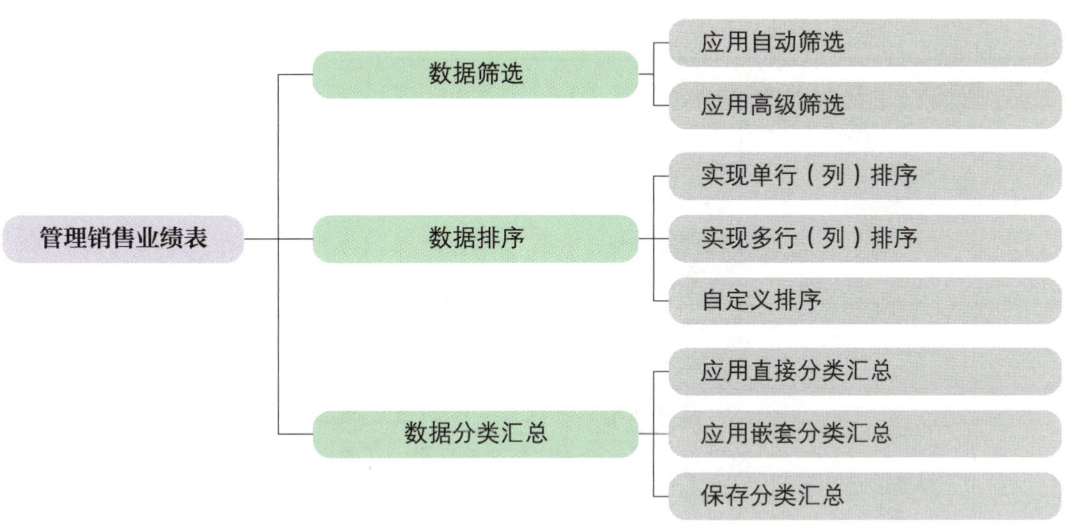

图 4-2-2　任务思维导图

三、实训计划制订

根据任务分析，制订完成本实训任务的实训计划，填入表 4-2-1。

表 4-2-1　实训计划

序号	工作内容	所需时间

四、操作步骤提示

本实训任务的操作步骤提示见表 4-2-2。

表 4-2-2　操作步骤提示

序号	操作步骤	内容
1	打开工作簿	双击“部门销售业绩表”工作簿图标打开该工作簿
2	数据筛选	在单元格区域 D15:E16 输入筛选条件“性别、女、总额、>500 000”，单击“数据”|“排序和筛选”|“高级”按钮，弹出“高级筛选”对话框，在“方式”中选择“将筛选结果复制到其他位

续表

序号	操作步骤	内容
2	数据筛选	置”。单击“列表区域”右侧的上箭头按钮，选择条件区域 A2:J10 后，再单击右侧的下箭头按钮返回对话框，单击“条件区域”右侧的上箭头按钮，选择条件区域 D15:E16，再单击右侧的下箭头按钮返回对话框，单击“复制到”右侧的上箭头按钮，选择单元格 A18，再单击右侧的下箭头按钮返回对话框，单击“确定”按钮
3	数据排序	选中单元格区域 C3:C10 内任意单元格，在“开始”|“编辑”|“排序和筛选”按钮的下拉菜单中选择“升序”，进行快速排序
4	分类汇总	选中单元格区域 A2:J10 内任意单元格，单击“数据”|“分级显示”|“分类汇总”按钮，弹出“分类汇总”对话框，在“分类字段”下拉列表中选择“性别”，在“汇总方式”下拉列表中选择“平均值”，在“选定汇总项”下拉列表中勾选“总额”复选框，单击“确定”按钮
5	保存文件	单击“文件”|“另存为”，设置文件名和保存位置进行保存
6	关闭 Excel 2021	单击窗口控制按钮中的“关闭”按钮进行关闭

五、操作要点记录

在表 4-2-3 中记录本实训任务的操作要点。

表 4-2-3　操作要点记录

序号	操作要点	备注

六、电子表格修改记录

打开并修改电子表格，排除出现的错误，并在表 4-2-4 中做好记录。

表 4-2-4　电子表格修改记录

序号	出现错误	错误原因	处理方法

续表

序号	出现错误	错误原因	处理方法

七、实训评价

本实训任务完成后，分享完成任务过程中的心得体会并展示成果，从软件操作、实训效果、成果展示等方面，采用自我评价、小组评价、教师评价相结合的多元评价方式对该实训任务进行评价，实训评价表见表 4–2–5。

表 4–2–5　实训评价表

序号	评价内容	配分 / 分	评价分数		
			自我评价（占比 30%）	小组评价（占比 30%）	教师评价（占比 40%）
1	对实训任务的分析准确到位	20			
2	能熟练筛选数据	20			
3	能熟练将数据排序	20			
4	能熟练将数据分类汇总	20			
5	能正确展示及解说任务成果	20			
学生姓名		综合评分			

八、巩固与练习

1. 选择题

（1）在 Excel 2021 中，根据用户需求只显示符合要求的数据，以更方便、直观地观察分析数据的操作是（　　）。

A. 筛选　　B. 排序

C. 分类汇总　　D. 查找和替换

（2）下列关于高级筛选的说法中正确的是（　　）。

A. 高级筛选只能在原有区域显示筛选结果

B. 高级筛选的筛选条件若是“与”条件，则需要在同一行输入

C. 高级筛选的筛选条件若是“或”条件，则需要在同一行输入

D. 以上选项全对

（3）下列说法中错误的是（　　）。

A. 分类汇总包括对数据进行直接的分类汇总和嵌套分类汇总两种方式

B. 分类汇总是在对工作表数据根据所设的分类字段进行排序的基础上，再进行分类汇总

C. 直接的分类汇总不需要排序

D. 分类汇总可以嵌套

（4）用户想把汇总结果保存到单独的工作簿中，需要按（　　）步骤顺序操作。

①使工作表只显示汇总结果，选择全部数据区域。

②在“开始”|“编辑”|“查找和选择”按钮的下拉菜单中选择“定位条件”，在弹出的“定位条件”对话框中选择“可见单元格”，单击“确定”按钮。

③单击“开始”|“剪贴板”|“复制”按钮。

④选定要粘贴此数据区域的第一个单元格，单击“开始”|“剪贴板”|“粘贴”按钮。

A. ①②③④　　B. ②③④①

C. ①③②④　　D. ②①③④

（5）下列说法中不正确的是（　　）。

A. 排序功能可实现多列或多行排序

B. 可以设置多个排序条件

C. 用户可以自行定义排序的规则

D. 排序功能只能对数字进行排序

2. 操作题

（1）对“项目四\任务 2\素材\某产品年产量、销量及目标达成度统计表”进行如下操作：

1）按照“是否合格”一列中“是，否”的顺序来排列，效果如图 4–2–3 所示。

2）筛选出合格且目标达成度大于 100% 的数据，效果如图 4–2–4 所示，并将此文件保存到“E:\”，将其命名为“项目四任务 2 操作题 1”。

（2）对“项目四\任务 2\素材\部门销售业绩表”按“部门”进行“总额”汇总，如图 4–2–5 所示，并将此文件保存到“E:\”，将其命名为“项目四任务 2 操作题 2”。

	A	B	C	D	E	F
1	某产品年产量、销量及目标达成度统计表					
2	月份	产量/万箱	销量/万箱	目标达成度	是否合格	
3	一月	100	100	100%	是	
4	三月	100	105	105%	是	
5	四月	110	110	100%	是	
6	五月	110	110	100%	是	
7	六月	110	110	100%	是	
8	八月	110	115	105%	是	
9	九月	120	120	100%	是	
10	十月	120	120	100%	是	
11	十二月	130	135	104%	是	
12	二月	110	105	95%	否	
13	七月	120	110	92%	否	
14	十一月	130	125	96%	否	
15						

图 4-2-3　某产品年产量、销量及目标达成度统计表排序效果图

19						
20	月份	产量（万箱）	销量（万箱）	目标达成度	是否合格	
21	三月	100	105	105%	是	
22	八月	110	115	105%	是	
23	十二月	130	135	104%	是	
24						
25						

图 4-2-4　某产品年产量、销量及目标达成度统计表筛选效果图

	A	B	C	D	E	F	G	H	I	J	K
1	2021年上半年销售业绩表									单位：元	
2	部门	姓名	性别	一月	二月	三月	四月	五月	六月	总额	
3	销售一部	蔡志鹏	男	92000	64000	97000	93000	75000	93000	514000	
4	销售一部	汤天智	男	96000	72500	100000	86000	62000	87500	504000	
5	销售一部	孙笑冉	女	97500	76000	72000	92500	84500	78000	500500	
6	销售一部	张敏婕	女	58500	90000	88500	97000	72000	65000	471000	
7	**销售一部 汇总**									1989500	
8	销售二部	陈俊一	男	93000	71500	92000	96500	87000	61000	501000	
9	销售二部	胡超	男	93050	85500	77000	81000	95000	78000	509550	
10	销售二部	李乐	女	96500	86500	90500	94000	99500	70000	537000	
11	销售二部	赵玥同	女	56000	77500	85000	83000	74500	79000	455000	
12	**销售二部 汇总**									2002550	
13	**总计**									3992050	
14											

图 4-2-5　部门销售业绩表汇总效果图

项目五
插入图形和图表

任务 1　制作生日贺卡

一、实训任务介绍

为表达对员工的关怀，营造良好的工作氛围，某企业安排人事部门科员利用办公软件为公司员工制作生日贺卡。

具体要求如下：启动 Excel 2021，新建一个空白工作簿，插入联机图片，调整其位置与大小；插入“心形”形状，设置其形状填充为红色；插入本机图片，设置其位置与大小；插入艺术字，输入“生日快乐”，设置艺术字样式为“填充：水绿色，主题色 5；边框：白色，背景色 1；清晰阴影：水绿色，主题色 5”，以及“文本效果”为“发光：18 磅；橙色，主题色 6”，将此工作簿命名为“生日贺卡”并保存，效果如图 5-1-1 所示。

图 5-1-1　生日贺卡效果图

二、实训任务分析

要完成本实训任务，应按照图 5–1–2 所示的思维导图复习教材中学到的知识和技能。

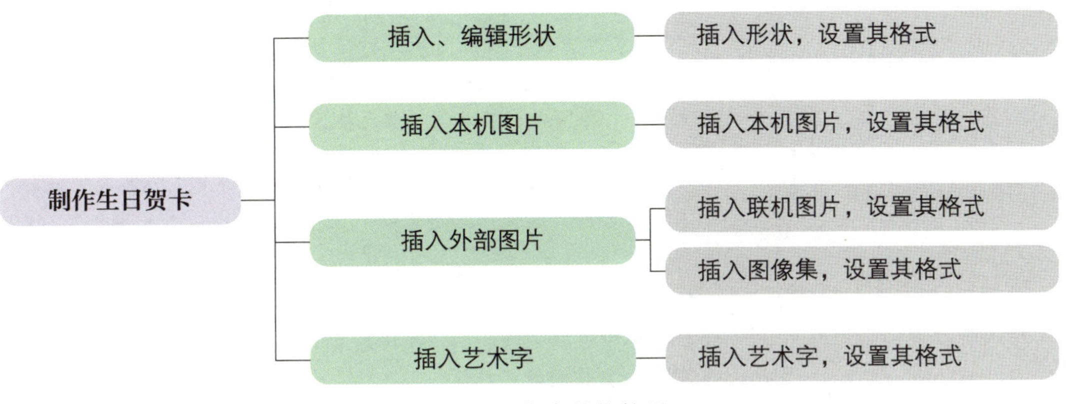

图 5–1–2　任务思维导图

本实训任务是制作生日贺卡。启动 Excel 2021，插入图形，包括形状、本机图片、联机图片、艺术字等。在完成实训任务的过程中，应注意插入这些图形不同的方法。

三、实训计划制订

根据任务分析，制订完成本实训任务的实训计划，填入表 5–1–1。

表 5–1–1　实训计划

序号	工作内容	所需时间

四、操作步骤提示

本实训任务的操作步骤提示见表 5–1–2。

表 5–1–2　操作步骤提示

序号	操作步骤	内容
1	启动 Excel 2021	单击操作系统“开始”|“Excel”，启动 Excel 2021
2	新建工作簿	单击 Excel 2021 启动界面中的“空白工作簿”

续表

序号	操作步骤	内容
3	插入联机图片	在“插入”|“插图”|“图片”按钮的下拉菜单中选择“联机图片”，在弹出的“联机图片”对话框的搜索栏中输入“生日”进行搜索，根据效果图选择图片后单击“插入”按钮，再设置图片的大小、位置等，将其置于单元格区域 A1:I20 内
4	插入、编辑形状	插入一个“心形”形状：单击“插入”|“插图”|“形状”按钮，选择“心形”形状，再设置其大小、位置、旋转角度等。 设置“心形”形状的样式：在“形状格式”|“形状样式”|“形状填充”按钮的下拉菜单中选择“红色”、“形状轮廓”按钮的下拉菜单中选择“红色”、“形状效果”按钮的下拉菜单中选择“映像”|“紧密映像：接触”。 添加对称“心形”形状：选中“心形”形状，在原位置复制粘贴第 2 个“心形”形状，在“形状格式”|“排列”|“旋转”按钮的下拉菜单中选择“水平翻转”，选中水平翻转来的“心形”形状后移动其位置，前后两个对称“心形”即可完成
5	插入本机图片	在“插入”|“插图”|“图片”按钮的下拉菜单中选择“此设备”，将路径指向本任务“素材”文件夹，选择图片后单击“插入”按钮，再设置图片大小、位置等，将其置于单元格区域 J1:P20 内
6	插入、编辑艺术字	在“插入”|“文本”|“插入艺术字”按钮的下拉菜单中可先选择一种样式（如第 1 行第 1 列样式“填充：黑色，文本色 1；阴影”），这时在工作表中出现“请在此放置您的文字”的艺术字样，输入文字，设置其艺术字“字体”为“华文彩云”、“字号”为“54”，将艺术字从单元格 K15 开始放置。 在“形状格式”|“艺术字样式”组中的列表框中选择“填充：水绿色，主题色 5；边框：白色，背景色 1；清晰阴影：水绿色，主题色 5”，在“文本效果”按钮的下拉菜单中选择“发光”|“发光：18 磅；橙色，主题色 6”
7	保存文件	单击快速访问工具栏中的“保存”按钮或“文件”|“保存”，设置文件名和保存位置进行保存
8	关闭 Excel 2021	单击窗口控制按钮中的“关闭”按钮进行关闭

五、操作要点记录

在表 5–1–3 中记录本实训任务的操作要点。

表 5-1-3　操作要点记录

序号	操作要点	备注

六、图形制作与修改记录

制作并修改图形，排除出现的错误，并在表 5-1-4 中做好记录。

表 5-1-4　图形修改记录

序号	出现错误	错误原因	处理方法

七、实训评价

本实训任务完成后，分享完成任务过程中的心得体会并展示成果，从软件操作、实训效果、成果展示等方面，采用自我评价、小组评价、教师评价相结合的多元评价方式对该实训任务进行评价，实训评价表见表 5-1-5。

表 5-1-5　实训评价表

序号	评价内容	配分 / 分	评价分数		
			自我评价（占比 30%）	小组评价（占比 30%）	教师评价（占比 40%）
1	对实训任务的分析准确到位	10			
2	能完成外部图片的插入，操作得当	20			
3	能完成形状的插入、编辑，操作得当	20			

续表

序号	评价内容	配分 / 分	评价分数		
			自我评价（占比 30%）	小组评价（占比 30%）	教师评价（占比 40%）
4	能完成本机图片的插入，操作得当	20			
5	能完成艺术字的插入，操作得当	20			
6	能正确展示及解说任务成果	10			
学生姓名		综合评分			

八、巩固与练习

1. 选择题

（1）下列选项中，（　　）不在 Excel 2021 中“插入”|“插图”|“图片”按钮的下拉菜单中。

A. “此设备”　　B. “图像集”

C. “联机图片”　　D. “屏幕截图”

（2）（多选）对插入的艺术字，可以使用（　　）填充文本。

A. 纯色　　B. 渐变色

C. 图片　　D. 纹理

（3）在 Excel 2021 中，绘制圆形时要按住（　　）。

A. 鼠标左键 +Shift 键　　B. 鼠标左键 +Ctrl 键

C. 鼠标左键　　D. 鼠标左键 +Alt 键

（4）在裁剪或者缩放图片的过程中，若同时按住（　　）键，则可实现以图片中心为基准点进行裁剪或缩放。

A. Shift　　B. Ctrl

C. Alt　　D. Tab

（5）在 Excel 2021 中，通过（　　）选项卡，可以对联机图片、图像集、形状、艺术字等图形对象进行插入操作。

A. “插入”　　B. “开始”

C. “数据”　　D. “视图”

2. 操作题

根据所学知识，打开 Excel 2021，制作如图 5-1-3 所示的节日海报，并将此文件保存到“E:\”，将其命名为“项目五任务 1 操作题”。

图 5-1-3　节日海报效果图

任务 2　利用 SmartArt 图形创建流程图

一、实训任务介绍

某公司为快速、轻松、有效地向员工传达公司物料入库流程信息，现安排培训部门科员利用 Excel 2021 中的 SmartArt 图形制作公司物料入库流程图。

具体要求如下：启动 Excel 2021，新建一个空白工作簿，插入 SmartArt 图形“垂直 V 形列表”，更改其颜色为“彩色范围 – 个性色 5 至 6”；设置 SmartArt 样式为“细微效果”；更改流程图方向，更改流程图形状为“流程图：摘录”；设置艺术字样式为“填充：黑色，文本色 1；阴影”，最后输入文本后将此工作簿命名为“利用 SmartArt 图形创建流程图”并保存，效果如图 5-2-1 所示。

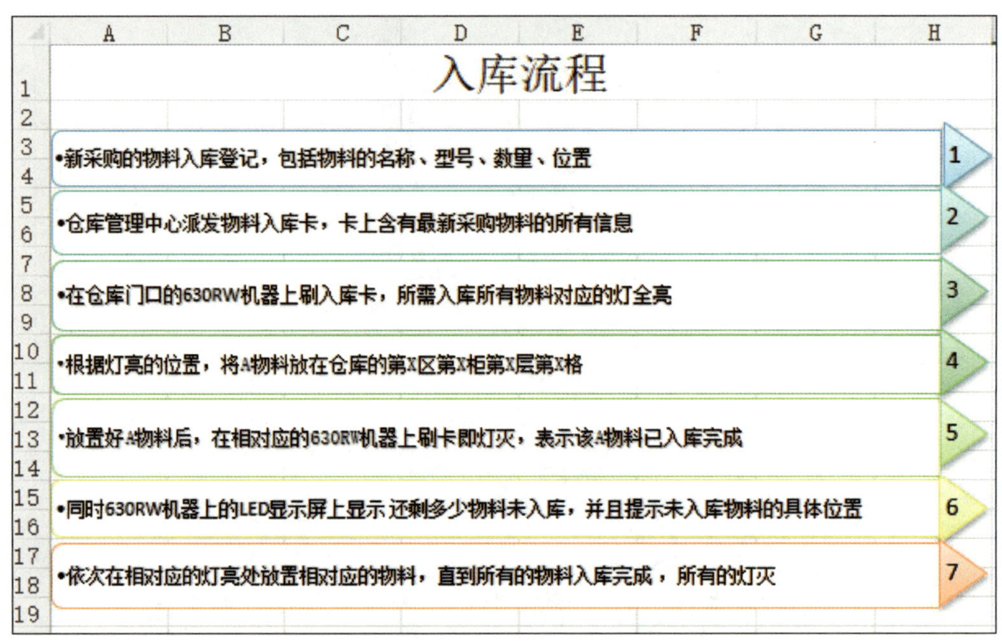

图 5-2-1　利用 SmartArt 图形创建流程图效果图

二、实训任务分析

要完成本实训任务，应按照图 5-2-2 所示的思维导图复习教材中学到的知识和技能。

本实训任务利用精美的 SmartArt 图形制作出一个关于物料入库的流程图，具体步骤分为图 5-2-1 所示的 7 步，使零经验工作人员通过此流程图，也能清晰地按照步骤完成物料入库的全过程。

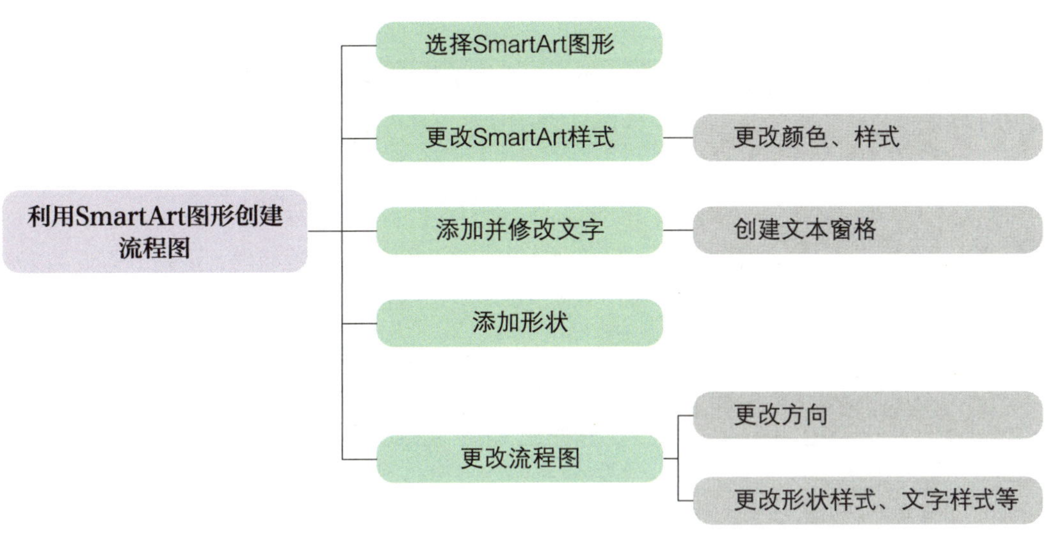

图 5-2-2　任务思维导图

三、实训计划制订

根据任务分析，制订完成本实训任务的实训计划，填入表 5-2-1。

表 5-2-1　实训计划

序号	工作内容	所需时间

四、操作步骤提示

本实训任务的操作步骤提示见表 5-2-2。

表 5-2-2　操作步骤提示

序号	操作步骤	内容
1	启动 Excel 2021	单击操作系统“开始”|“Excel”，启动 Excel 2021
2	新建工作簿	单击 Excel 2021 启动界面中的“空白工作簿”
3	输入并设置表标题	对照效果图合并单元格区域 A1:H1，输入表标题文字，设置其“字体”为“宋体”、“字号”为“20”、“对齐方式”为“居中”

续表

序号	操作步骤	内容
4	选择 SmartArt 图形	单击“插入”|“插图”|“SmartArt”按钮，在弹出的“选择 SmartArt 图形”对话框中选择“列表”|“垂直 V 形列表”
5	更改 SmartArt 样式	在“SmartArt 设计”|“SmartArt 样式”|“更改颜色”按钮的下拉菜单中选择“彩色范围 – 个性色 5 至 6”。 在“SmartArt 设计”|“SmartArt 样式”中的列表框中选择“细微效果”
6	添加并修改文字	单击“SmartArt 设计”|“创建图形”|“文本窗格”按钮，然后对照效果图输入文本
7	添加形状	单击“SmartArt 设计”|“创建图形”|“添加形状”按钮，可以在形状后面或前面添加形状
8	更改流程图	单击“SmartArt 设计”|“创建图形”|“从右到左”按钮，设置流程图的方向。 在“格式”|“形状”|“更改形状”按钮的下拉菜单中选择“流程图：摘录”。 在“格式”|“艺术字样式”中的列表框中选择“填充：黑色，文本色 1；阴影”
9	保存文件	单击快速访问工具栏中的“保存”按钮或“文件”|“保存”，设置文件名和保存位置进行保存
10	关闭 Excel 2021	单击窗口控制按钮中的“关闭”按钮进行关闭

五、操作要点记录

在表 5–2–3 中记录本实训任务的操作要点。

表 5–2–3　操作要点记录

序号	操作要点	备注

六、电子表格制作与修改记录

制作并修改电子表格，排除出现的错误，并在表 5–2–4 中做好记录。

表 5-2-4 电子表格修改记录

序号	出现错误	错误原因	处理方法

七、实训评价

本实训任务完成后，分享完成任务过程中的心得体会并展示成果，从软件操作、实训效果、成果展示等方面，采用自我评价、小组评价、教师评价相结合的多元评价方式对该实训任务进行评价，实训评价表见表 5-2-5。

表 5-2-5 实训评价表

序号	评价内容	配分 / 分	评价分数		
			自我评价（占比 30%）	小组评价（占比 30%）	教师评价（占比 40%）
1	对实训任务的分析准确到位	20			
2	能正确选择并更改 SmartArt 样式	20			
3	能添加并修改文本窗格	20			
4	能添加并更改形状	20			
5	能正确展示及解说任务成果	20			
学生姓名		综合评分			

八、巩固与练习

1．选择题

（1）在 Excel 2021 中，（　　）选项卡中的“文本窗格”按钮可以帮助用户在 SmarArt 图形中快速输入和组织文本。

A．“SmartArt 设计”　　B．“格式”

C．“插入”　　D．“页面布局”

（2）Excel 2021 提供了 8 种类型的 SmartArt 图形，分别是（　　）、层次结构、关系、矩阵、棱锥图和图片。

A. 基本列表、流程、圆锥图　　B. 列表、流程、二维图

C. 列表、流程、循环　　D. 基本列表、循环、饼图

（3）除 Excel 外 SmartArt 图形还可以在（　　）和 Word 中创建，并且可在整个 Office 中使用。

A. 记事本　　B. Outlook

C. PowerPoint　　D. Access

（4）在 Excel 2021 中，通过（　　）选项卡中的“更改形状”按钮可以更改 SmartArt 图形的形状。

A. “格式”　　B. “页面布局”

C. “视图”　　D. “开始”

（5）在 Excel 2021 中，通过（　　）选项卡中的“添加形状”按钮可以添加 SmartArt 图形的形状。

A. “格式”　　B. “页面布局”

C. “SmartArt 设计”　　D. “开始”

2. 操作题

根据所学知识，打开 Excel 2021，利用 SmartArt 图形创建如图 5-2-3 所示的流程图，并将此文件保存到“E:\”，将其命名为“项目五任务 2 操作题”。

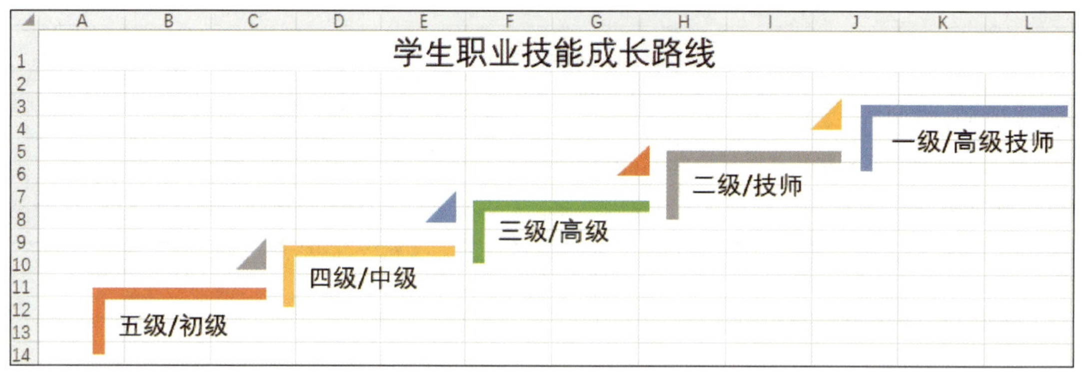

图 5-2-3　流程图效果图

任务 3　制作及编辑历年学生注册情况图表

一、实训任务介绍

为更好地开展招生和教学资源调配工作，某学院计划对历年学生注册情况进行分析，现招就处安排科员制作学院历年学生注册情况图表。

具体要求如下：启动 Excel 2021，新建一个空白工作簿，在工作表中输入数据，插入三维簇状柱形图。设置图表区填充颜色为“紫色，个性色 4，淡色 40%”、边框颜色为“黑色，文字 1”、边框宽度为 2 磅。设置垂直坐标轴边界最大值为 600，添加竖排纵坐标轴并输入其标题名称，设置在图表中显示数据表，通过改变单元格 C3 的数据改变图表的数据。更改图表类型，并设置图表样式为“样式 8”，添加关于“实到学生人数”的趋势线。最终完成历年学生注册情况图表的制作与编辑，将此工作簿命名为“历年学生注册情况图表”并保存，效果如图 5-3-1 所示。

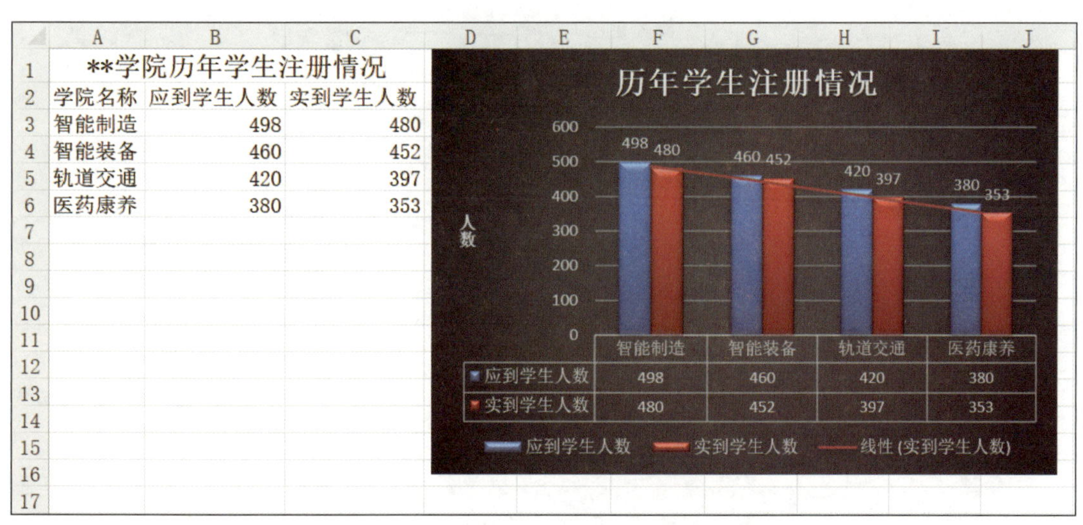

图 5-3-1　历年学生注册情况图表效果图

二、实训任务分析

要完成本实训任务，应按照图 5-3-2 所示的思维导图复习教材中学到的知识和技能。

本实训任务是制作及编辑历年学生注册情况图表。在 Excel 2021 中制作表格后，利用图表功能，用柱形图对比应到学生人数和实到学生人数两组数据的变化情况，并对其进行编辑，从而更直观、清晰地表示出数据的变化情况。

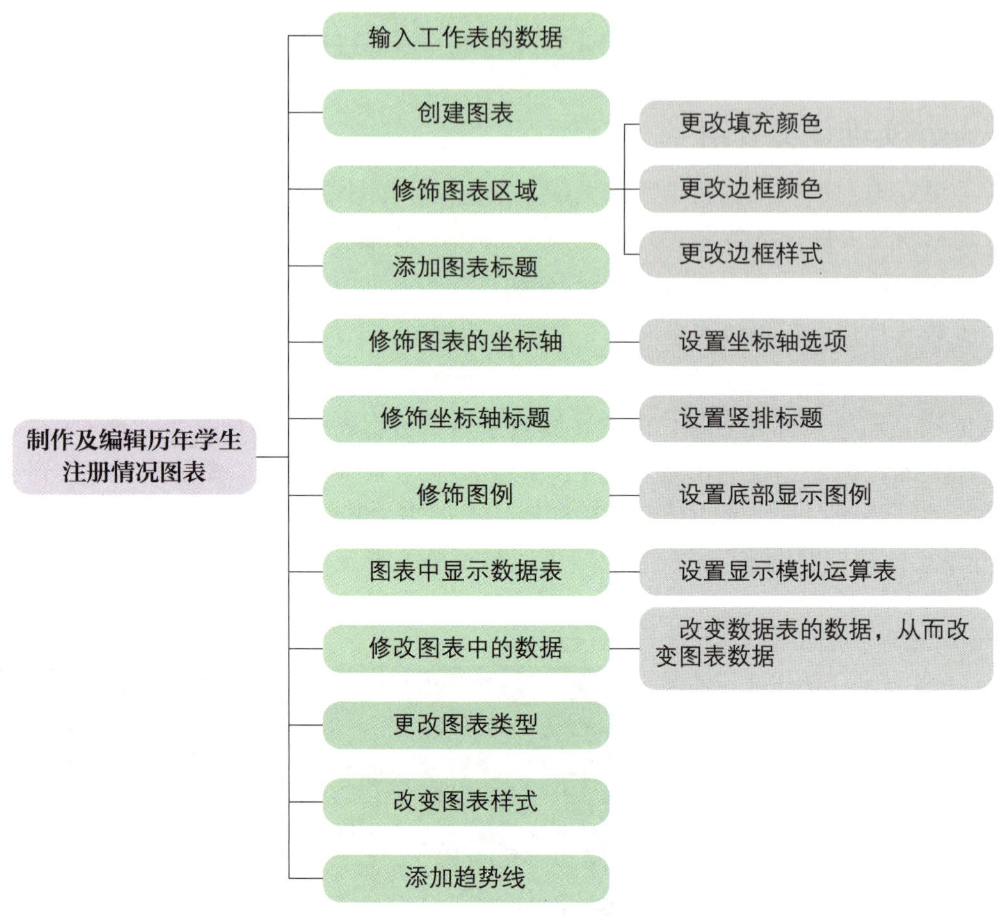

图 5-3-2　任务思维导图

三、实训计划制订

根据任务分析，制订完成本实训任务的实训计划，填入表 5-3-1。

表 5-3-1　实训计划

序号	工作内容	所需时间

四、操作步骤提示

本实训任务的操作步骤提示见表 5-3-2。

表 5-3-2　操作步骤提示

序号	操作步骤	内容
1	启动 Excel 2021	单击操作系统“开始”|“Excel”，启动 Excel 2021
2	新建工作簿	单击 Excel 2021 启动界面中的“空白工作簿”
3	输入工作表的数据	在 Sheet1 中，对照效果图，合并单元格区域 A1:C1，输入标题，设置“字体”为“宋体”、“字号”为“14”、“对齐方式”为“居中”。 对照效果图，在单元格区域 A2:C6 输入数据
4	创建图表	选中单元格区域 A2:C6，在“插入”|“图表”|“插入柱形图或条形图”按钮的下拉菜单中选择“三维簇状柱形图”，将图表从单元格 D1 开始放置
5	修饰图表区域	选中图表区域，在右键快捷菜单中选择“设置图表区域格式”，在弹出的任务窗格中的“填充”下选择“颜色”为“紫色，个性色 4，淡色 40%”，在“边框”下选择“颜色”为“黑色，文字 1”、“宽度”为“2 磅”
6	添加图表标题	选中图表标题，输入图表标题文字内容
7	修饰图表的坐标轴	选中图表垂直坐标轴，在右键快捷菜单中选择“设置坐标轴格式”，在弹出的任务窗格中选择“坐标轴选项”，设置“边界”中“最大值”为“600”
8	修饰坐标轴标题	在“图表设计”|“图表布局”|“添加图表元素”按钮的下拉菜单中选择“坐标轴标题”|“主要纵坐标轴”，在“设置坐标轴标题格式”任务窗格中单击“大小与属性”按钮，在“对齐方式”中设置“文字方向”为“竖排”，单击“坐标轴标题”后输入标题文字
9	修饰图例	选中图例，在“图表设计”|“图表布局”|“添加图表元素”按钮的下拉菜单中选择“图例”|“底部”
10	图表中显示数据表	在“图表设计”|“图表布局”|“添加图表元素”按钮的下拉菜单中选择“数据表”|“显示图例项标示”，即可在图表中显示数据表
11	修改图表中的数据	选中单元格 C3，将“480”改为“470”，按 Enter 键后，图表的数据也随之发生了变化
12	更改图表类型	单击“图表设计”|“类型”|“更改图表类型”按钮，在弹出的对话框中选择“簇状柱形图”来更改图表类型
13	改变图表样式	在“图表设计”|“图表样式”组列表框中选择“样式 8”

续表

序号	操作步骤	内容
14	添加趋势线	在"图表设计"|"图表布局"|"添加图表元素"按钮的下拉菜单中选择"趋势线"|"线性"，在弹出的"添加趋势线"对话框中勾选"实到学生人数"复选框，可以生成趋势线
15	保存文件	单击快速访问工具栏中的"保存"按钮或"文件"|"保存"，设置文件名和保存位置进行保存
16	关闭 Excel 2021	单击窗口控制按钮中的"关闭"按钮进行关闭

五、操作要点记录

在表 5–3–3 中记录本实训任务的操作要点。

表 5–3–3　操作要点记录

序号	操作要点	备注

六、电子表格制作与修改记录

制作并修改电子表格，排除出现的错误，并在表 5–3–4 中做好记录。

表 5–3–4　电子表格修改记录

序号	出现错误	错误原因	处理方法

七、实训评价

本实训任务完成后，分享完成任务过程中的心得体会并展示成果，从软件操作、实训效果、成果展示等方面，采用自我评价、小组评价、教师评价相结合的多元评价方式对该实训任务进行评价，实训评价表见表 5–3–5。

表 5–3–5　实训评价表

序号	评价内容	配分 / 分	评价分数		
			自我评价（占比 30%）	小组评价（占比 30%）	教师评价（占比 40%）
1	对实训任务的分析准确到位	10			
2	能正确创建图表	10			
3	能正确修饰图表区域	10			
4	能正确添加图表标题	10			
5	能正确修饰图表的坐标轴	10			
6	能正确修饰图例	10			
7	能正确设置在图表中显示数据表	10			
8	能改变数据表数据、更新图表数据	5			
9	能更改图表类型、改变图表样式	10			
10	能正确添加趋势线	5			
11	能正确展示及解说任务成果	10			
学生姓名		综合评分			

八、巩固与练习

1. 选择题

（1）下列关于 Excel 嵌入式图表的表述中错误的是（　　）。

A. 对生成的图表进行编辑时，首先要选中图表

B. 图表生成后不能改变图表类型，如将三维图表变为二维图表

C. 表格数据修改后，相应的图表数据也随之变化

D. 图表生成后可以向图表中添加新的数据

（2）（多选）Excel 图表是（　　）。

A. 工作表数据的图表表示

B. 根据工作表数据用画图工具绘制的

C. 可以用画图工具进行编辑

D. 动态的，当修改数据时，与图表相关的工作表中数据也会自动更改

（3）在 Excel 工作表中生成一个图表，在缺省状态下该图表的名称是（　　）。

A. 无标题　　B. Sheet1　　C. Book1　　D. 图表 1

（4）（多选）在 Excel 2021 中，可以创建（　　）图表。

A. 二维　　B. 三维　　C. 饼图　　D. 雷达图

（5）下列关于删除柱形图表中某数据系列柱形条的说法中正确的是（　　）。

A. 数据表中相应的数据消失

B. 数据表中相应的数据不变

C. 若事先选定与被删柱形条相应的数据区域，则该区域数据消失

D. 若事先选定与被删柱形条相应的数据区域，则该区域数据不变

2. 操作题

根据所学知识，打开一个空白工作簿，输入文本，完成下列操作，效果如图 5-3-3 所示。

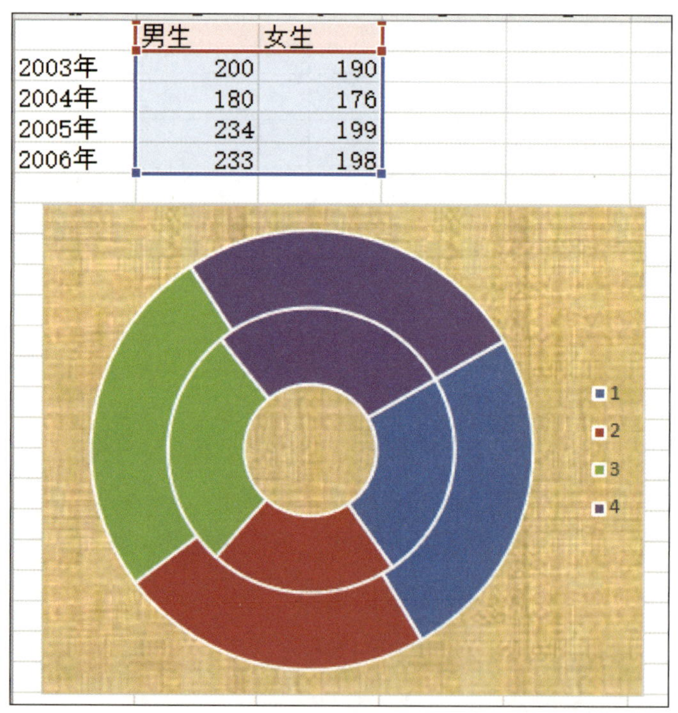

图 5-3-3　项目五任务 3 操作题效果图

（1）选定“女生”和“男生”两列数据，制作一个圆环图。

（2）设置图表背景纹理为“信纸”。

（3）设置第一扇区起始角度为 60°。

（4）设置圆环图内径大小为30%。

（5）将此文件保存到“E:\”，将其命名为“项目五任务3操作题”。

任务4　制作销售数据透视图表

一、实训任务介绍

为便于及时更新数据，更好地分析销售情况，某服装公司安排销售部门利用Excel 2021制作数据透视表。

具体要求如下：双击打开本任务“素材”文件夹中的“销售数据透视图表”工作簿，根据单元格区域A2:F14的数据建立数据透视表，分别设置列标签为“产品名称”、行标签为“销售员”、Σ值为“金额”，并将数据透视表的样式设置为“天蓝，数据透视表样式中等深浅20”。在改变数据表区域中的数据后，通过刷新对数据透视表进行数据更新。根据数据透视表，插入数据透视图，设置透视图类型为“三维簇状柱形图”，设置其坐标轴边界最大值为70 000，大刻度单位为10 000、小刻度单位为5 000，并将数据透视图从单元格G7开始放置，最后设置透视图布局为“布局3”，输入相应图表标题文字，将此工作簿命名为“销售数据透视图表－修改”并保存，效果如图5-4-1所示。

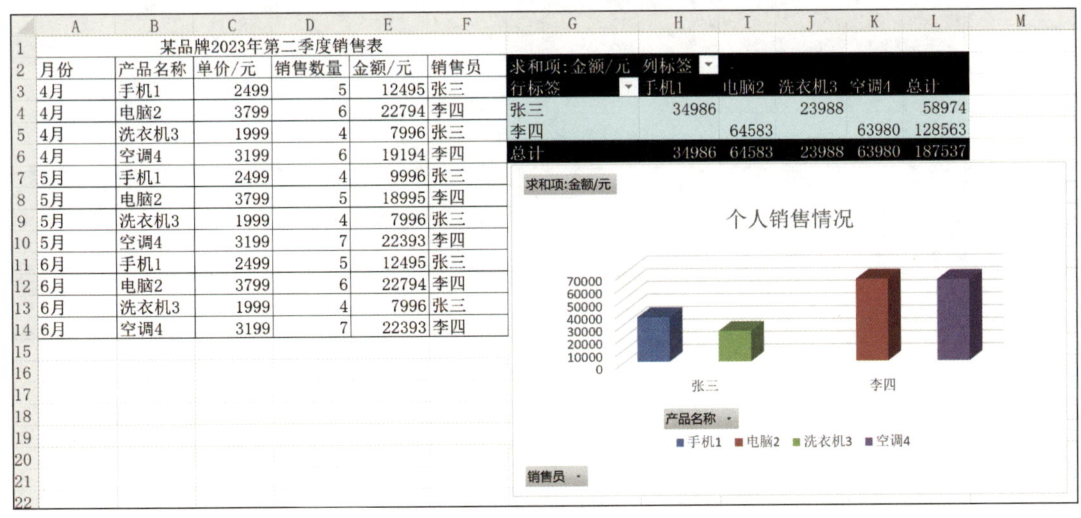

某品牌2023年第二季度销售表

月份	产品名称	单价/元	销售数量	金额/元	销售员
4月	手机1	2499	5	12495	张三
4月	电脑2	3799	6	22794	李四
4月	洗衣机3	1999	4	7996	张三
4月	空调4	3199	6	19194	李四
5月	手机1	2499	4	9996	张三
5月	电脑2	3799	5	18995	李四
5月	洗衣机3	1999	4	7996	张三
5月	空调4	3199	7	22393	李四
6月	手机1	2499	5	12495	张三
6月	电脑2	3799	6	22794	李四
6月	洗衣机3	1999	4	7996	张三
6月	空调4	3199	7	22393	李四

求和项:金额/元	列标签				
行标签	手机1	电脑2	洗衣机3	空调4	总计
张三	34986		23988		58974
李四		64583		63980	128563
总计	34986	64583	23988	63980	187537

图5-4-1　销售数据透视图表－修改效果图

二、实训任务分析

要完成本实训任务，应按照图 5–4–2 所示的思维导图复习教材中学到的知识和技能。

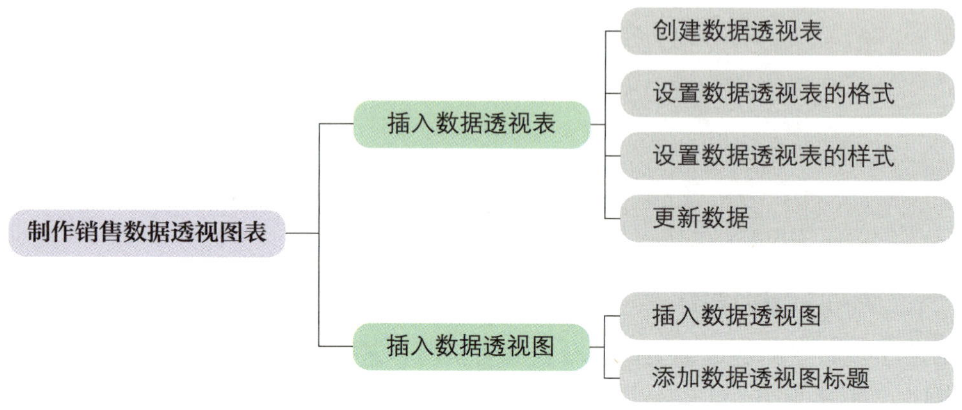

图 5–4–2　任务思维导图

本实训任务是制作一个透视图表。数据透视表和数据透视图可以交互地分析 Excel 报表，在完成实训任务的过程中，利用透视表和透视图分析某品牌 2023 年第二季度销售表，并设置其样式。

三、实训计划制订

根据任务分析，制订完成本实训任务的实训计划，填入表 5–4–1。

表 5–4–1　实训计划

序号	工作内容	所需时间

四、操作步骤提示

本实训任务的操作步骤提示见表 5–4–2。

表 5-4-2　操作步骤提示

序号	操作步骤	内容
1	打开工作簿	双击“销售数据透视图表”工作簿图标打开该工作簿
2	创建数据透视表	选中单元格 G1，在“插入”|“表格”|“数据透视表”按钮的下拉菜单中选择“表格和区域”，在弹出的对话框中选择单元格区域 A2:F14，单击“确定”按钮
3	设置数据透视表的格式	在弹出的“数据透视表字段”任务窗格中，分别将“产品名称”拖拽至“列”区域、“销售员”拖拽至“行”区域、“金额”拖拽至“Σ 值”区域，关闭“数据透视表字段”任务窗格
4	设置数据透视表的样式	在“开始”|“样式”|“套用表格格式”按钮的下拉菜单中选择“天蓝，数据透视表样式中等深浅 20”
5	更新数据	更改单元格区域 B3:F14 中的某一数据，选中数据透视表区域，单击“数据透视表分析”|“数据”|“刷新”按钮，可以对数据透视表进行数据更新
6	插入数据透视图	选中数据透视表中的任意单元格，单击“数据透视表分析”|“工具”|“数据透视图”按钮，在弹出的“插入图表”对话框中选择“三维簇状柱形图”，生成透视图。选中坐标轴，在右键快捷菜单中选择“设置坐标轴格式”，在弹出的任务窗格中选择“坐标轴选项”，设置“边界”最大值为“70 000”，设置“单位”中“大”为“10 000”、“小”为“5 000”，并将数据透视图从单元格 G7 开始放置
7	添加数据透视图标题	在“设计”|“图表布局”|“快速布局”按钮的下拉菜单中选择“布局 3”，输入透视图标题文字
8	保存文件	单击“文件”|“另存为”，设置文件名和保存位置进行保存
9	关闭 Excel 2021	单击窗口控制按钮中的“关闭”按钮进行关闭

五、操作要点记录

在表 5-4-3 中记录本实训任务的操作要点。

表 5-4-3　操作要点记录

序号	操作要点	备注

六、电子表格修改记录

打开并修改电子表格，排除出现的错误，并在表 5-4-4 中做好记录。

表 5-4-4　电子表格修改记录

序号	出现错误	错误原因	处理方法

七、实训评价

本实训任务完成后，分享完成任务过程中的心得体会并展示成果，从软件操作、实训效果、成果展示等方面，采用自我评价、小组评价、教师评价相结合的多元评价方式对该实训任务进行评价，实训评价表见表 5-4-5。

表 5-4-5　实训评价表

序号	评价内容	配分 / 分	评价分数		
			自我评价（占比 30%）	小组评价（占比 30%）	教师评价（占比 40%）
1	对实训任务的分析准确到位	15			
2	能正确创建数据透视表	15			
3	能设置数据透视表的格式	15			
4	能设置数据透视表的样式	15			
5	能正确插入数据透视图	15			
6	能添加数据透视图的标题	15			
7	能正确展示及解说任务成果	10			
学生姓名			综合评分		

八、巩固与练习

1．选择题

（1）（多选）下列选项中属于图表类型的是（　　）。

A. 柱形图　　B. 股价图　　C. 散点图　　D. 旭日图

（2）（多选）下列属于图表要素的是（　　）。

A. 标题　　B. 数据系列　　C. 图例　　D. 坐标轴

（3）下列关于 Excel 图表的说法中正确的是（　　）。

A. 图表不能嵌入当前工作表，只能作为新工作表保存

B. 无法从工作表中产生图表

C. 图表只能嵌入当前工作表，不能作为新工作表保存

D. 图表既能嵌入当前工作表，又能作为新工作表保存

（4）（多选）一般情况下图表有（　　）轴。

A. 水平　　B. 垂直　　C. 值　　D. 类别

（5）在 Excel 2021 中，通过（　　）选项卡可以插入数据透视表。

A. “数据”　　B. “开始”　　C. “插入”　　D. “页面布局”

2. 操作题

根据所学知识，打开 Excel 2021，输入图 5-4-3 所示的工作表数据。

	A	B	C	D	E	F	G
1	序号	姓名	性别	部门名称	职称		
2	1	赵A	男	信息服务	助讲		
3	2	钱B	男	机械工程	讲师		
4	3	孙C	女	机电工程	高讲		
5	4	李D	男	医药康养	正高		
6	5	周E	男	车辆工程	助讲		
7	6	吴F	女	信息服务	讲师		
8	7	郑G	男	机械工程	高讲		
9	8	王H	男	机电工程	助讲		
10	9	冯I	女	医药康养	讲师		
11	10	陈J	男	车辆工程	助讲		
12	11	褚K	男	信息服务	讲师		
13	12	卫L	女	机械工程	高讲		
14	13	蒋M	男	机电工程	正高		
15	14	沈N	男	医药康养	助讲		
16	15	韩O	男	车辆工程	助讲		
17	16	杨P	男	信息服务	讲师		
18	17	朱Q	女	机械工程	高讲		
19	18	秦R	男	机电工程	正高		
20							

统计表　数据透视表　数据透视图　Sheet2

图 5-4-3　输入数据

根据工作表中的数据，建立数据透视表及数据透视图，并将此文件保存到“E:\”，将其命名为“项目五任务 4 操作题”，具体要求如下：

（1）建立数据透视表，行标签为“部门名称”，列标签为“性别”，Σ 值为各部门职称人数，将结果放在新建工作表中，将此工作表命名为“数据透视表”，效果如图 5-4-4 所示。

（2）建立数据透视图，行标签为“部门名称”，列标签为“性别”，Σ 值为各部门职称人数，将结果放在新建工作表中，将此工作表命名为“数据透视图”，效果如图 5-4-5 所示。

	A	B	C	D
1	计数项:职称	列标签		
2	行标签	男	女	总计
3	⊟车辆工程	3		3
4	助讲	3		3
5	⊟机电工程	3	1	4
6	高讲		1	1
7	正高	2		2
8	助讲	1		1
9	⊟机械工程	2	2	4
10	高讲	1	2	3
11	讲师	1		1
12	⊟信息服务	3	1	4
13	讲师	2	1	3
14	助讲	1		1
15	⊟医药康养	2	1	3
16	讲师		1	1
17	正高	1		1
18	助讲	1		1
19	总计	13	5	18
20				

统计表　数据透视表

图 5-4-4　数据透视表效果图

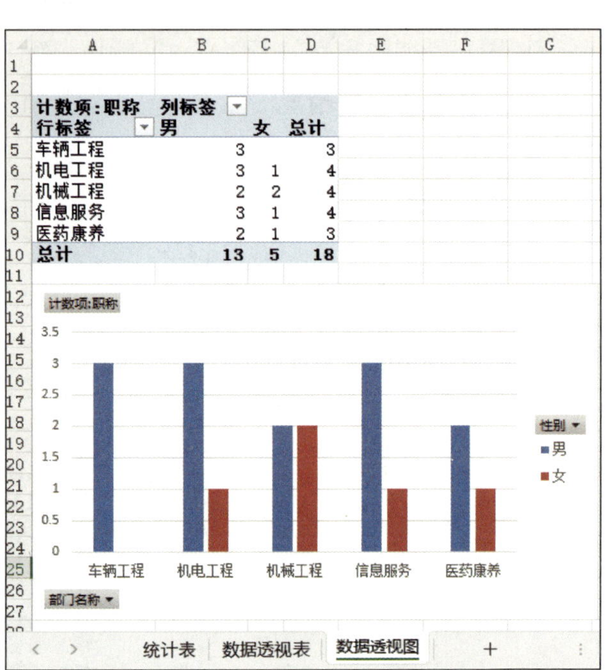

计数项:职称	列标签		
行标签	男	女	总计
车辆工程	3		3
机电工程	3	1	4
机械工程	2	2	4
信息服务	3	1	4
医药康养	2	1	3
总计	13	5	18

图 5-4-5　数据透视图效果图

项目六
打印及其他操作

任务 1　打印考试成绩表

一、实训任务介绍

某校规定教师在学期末提交所任教课程的考试成绩表，因此每个教研室配有一个共享打印机，现需对成绩工作簿进行打印设置，完成后即可打印。

具体要求如下：双击打开本任务“素材”文件夹中的“考试成绩表”工作簿，设置页边距为常规、纸张大小为 A4、纸张方向为纵向。将单元格区域 A1:H46 设置为打印区域。在单元格 A25 处插入分页符，将本任务“素材”文件夹中的图片设置为背景图片。将工作表中第 4、5 行设置为“顶端标题行”，打印时打印网格线，最后查看预览效果，同时将工作簿命名为“打印考试成绩表”并保存，打印预览效果如图 6-1-1 所示。

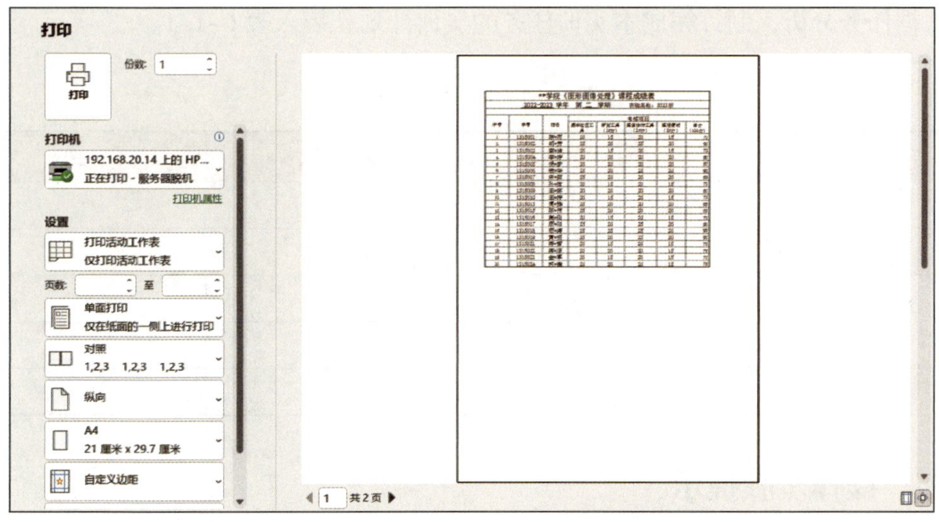

图 6-1-1　考试成绩表打印预览效果图

二、实训任务分析

要完成本实训任务，应按照图 6–1–2 所示的思维导图复习教材中学到的知识和技能。

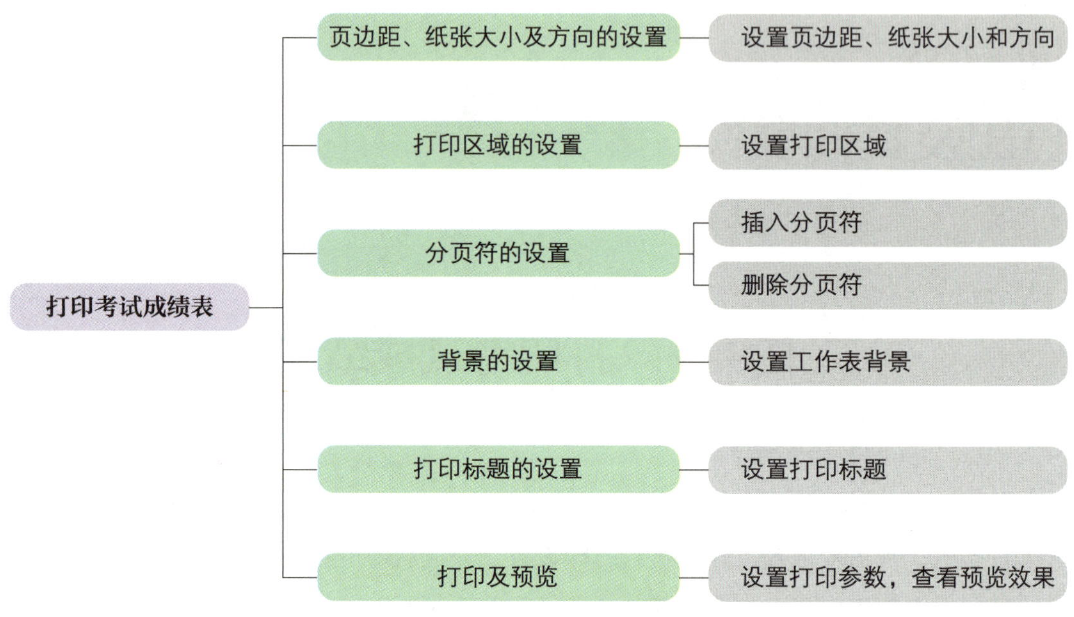

图 6–1–2　任务思维导图

本实训任务是打印考试成绩表。通过对页边距、纸张大小、纸张方向、分页符等的设置，完成打印参数的基本设置。

三、实训计划制订

根据任务分析，制订完成本实训任务的实训计划，填入表 6–1–1。

表 6–1–1　实训计划

序号	工作内容	所需时间

四、操作步骤提示

本实训任务的操作步骤提示见表 6–1–2。

表 6–1–2　操作步骤提示

序号	操作步骤	内容
1	打开工作簿	双击“考试成绩表”工作簿图标打开该工作簿
2	设置页边距、纸张大小及方向	在“页面布局”|“页面设置”|“页边距”按钮的下拉菜单中选择“常规”，在“纸张大小”按钮的下拉菜单中选择“A4”，在“纸张方向”按钮的下拉菜单中选择“纵向”
3	设置打印区域	选中单元格区域 A1:H46，在“页面布局”|“页面设置”|“打印区域”按钮的下拉菜单中选择将此区域设置为打印区域
4	设置分页符	选定插入分页符的行或列中的任意单元格，如单元格 A25。在“页面布局”|“页面设置”|“分隔符”按钮的下拉菜单中选择“插入分页符”
5	设置背景	单击“页面布局”|“页面设置”|“背景”按钮，在弹出的“插入图片”对话框中选择“从文件”，并将路径指向本任务“素材”文件夹中的图片，单击“插入”按钮
6	设置打印标题	单击“页面布局”|“页面设置”|“打印标题”按钮，在弹出的“页面设置”对话框中的“工作表”选项卡中，单击“打印标题”栏中的“顶端标题行”右侧上箭头按钮，选择所需标题所在的第 4、5 行，再单击右侧下箭头按钮，勾选“打印”栏中的“网格线”复选框，单击“确定”按钮
7	打印及预览	单击“文件”|“打印”，在“打印”窗口中设置打印参数，查看预览效果
8	保存文件	单击“文件”|“另存为”，设置文件名和保存位置进行保存
9	关闭 Excel 2021	单击窗口控制按钮中的“关闭”按钮进行关闭

五、操作要点记录

在表 6–1–3 中记录本实训任务的操作要点。

表 6–1–3　操作要点记录

序号	操作要点	备注

六、电子表格设置与打印记录

打开、设置电子表格并进行打印，排除出现的错误，并在表 6-1-4 中做好记录。

表 6-1-4 电子表格设置与打印记录

序号	出现错误	错误原因	处理方法

七、实训评价

本实训任务完成后，分享完成任务过程中的心得体会并展示成果，从软件操作、实训效果、成果展示等方面，采用自我评价、小组评价、教师评价相结合的多元评价方式对该实训任务进行评价，实训评价表见表 6-1-5。

表 6-1-5 实训评价表

<table>
<tr><th rowspan="2">序号</th><th rowspan="2" colspan="2">评价内容</th><th rowspan="2">配分 / 分</th><th colspan="3">评价分数</th></tr>
<tr><th>自我评价（占比 30%）</th><th>小组评价（占比 30%）</th><th>教师评价（占比 40%）</th></tr>
<tr><td>1</td><td colspan="2">对实训任务的分析准确到位</td><td>15</td><td></td><td></td><td></td></tr>
<tr><td>2</td><td colspan="2">能正确设置页边距、纸张大小和打印方向</td><td>15</td><td></td><td></td><td></td></tr>
<tr><td>3</td><td colspan="2">能正确设置打印区域</td><td>10</td><td></td><td></td><td></td></tr>
<tr><td>4</td><td colspan="2">能正确设置分页符</td><td>10</td><td></td><td></td><td></td></tr>
<tr><td>5</td><td colspan="2">能正确设置打印背景</td><td>10</td><td></td><td></td><td></td></tr>
<tr><td>6</td><td colspan="2">能正确设置打印标题</td><td>10</td><td></td><td></td><td></td></tr>
<tr><td>7</td><td colspan="2">能熟练打印及预览</td><td>15</td><td></td><td></td><td></td></tr>
<tr><td>8</td><td colspan="2">能正确展示及解说任务成果</td><td>15</td><td></td><td></td><td></td></tr>
<tr><td colspan="2">学生姓名</td><td></td><td colspan="2">综合评分</td><td colspan="2"></td></tr>
</table>

八、巩固与练习

1. 选择题

（1）在打印工作表前就能看到实际打印效果的操作是（　　）。

A. 仔细观察工作表　　B. 打印预览

C. 按 F8 键　　D. 显示批注

（2）工作表 Sheet1、Sheet2 均设置了打印区域，若当前工作表为 Sheet1，执行打印命令后，在默认状态下将打印（　　）。

A. Sheet1 中的打印区域

B. Sheet1 中输入数据和设置格式的区域

C. 在 Sheet1、Sheet2 中同一页的打印区域

D. 在 Sheet1、Sheet2 中不同页的打印区域

（3）下列关于 Excel 打印功能的叙述中正确的是（　　）。

A. 只能打印整张工作表，不能打印工作表的一部分

B. 行号和列标无法打印出来

C. 各工作表的页眉和页脚可以不同

D. 表格的大小尺寸不能改变

（4）下列关于 Excel 打印操作的叙述中正确的是（　　）。

A. 不能一次打印整个工作簿

B. 不能只打印一个工作表中的选定区域

C. 不能只打印一个工作表中的某一页

D. 可以一次打印一个工作簿中的一个或多个工作表

（5）下列关于在 Excel 2021 中默认显示的网格线的叙述中，正确的是（　　）。

A. 不能取消，不能打印　　B. 不能取消，可以打印

C. 可以取消，不能打印　　D. 可以取消，可以打印

2. 操作题

根据所学知识，打开“项目六 \ 任务 1\ 素材 \ 操作题”工作簿，完成以下操作：

（1）将页边距设置为“宽”。

（2）预览当前工作表，并缩放预览。

（3）打印整个工作簿，横向打印 3 份。

任务 2　按特殊设置要求打印考试成绩表

一、实训任务介绍

某校张老师任教多个班级，现需要给这些班级的考试成绩表添加页眉、页脚、日期、注释等内容并打印。

具体要求如下：双击打开本任务“素材”文件夹中的“考试成绩表”工作簿。设置页眉，左部为日期，中部为其文件名；设置页脚，右部为页码。设置打印方向为纵向，缩放比例为 90%，纸张大小为 A4。设置单元格区域 A1:H46 为打印区域，打印标题为第 1~5 行，单色打印，打印时显示行和列标题。遇到错误单元格时打印空白，将注释设置在工作表末尾打印，打印零值、公式、网格线，根据预览效果，将此工作簿命名为“按特殊设置要求打印考试成绩表”并保存，打印预览效果如图 6-2-1 所示。另外，尝试打印不同工作簿的多个工作表和多个工作簿的操作。

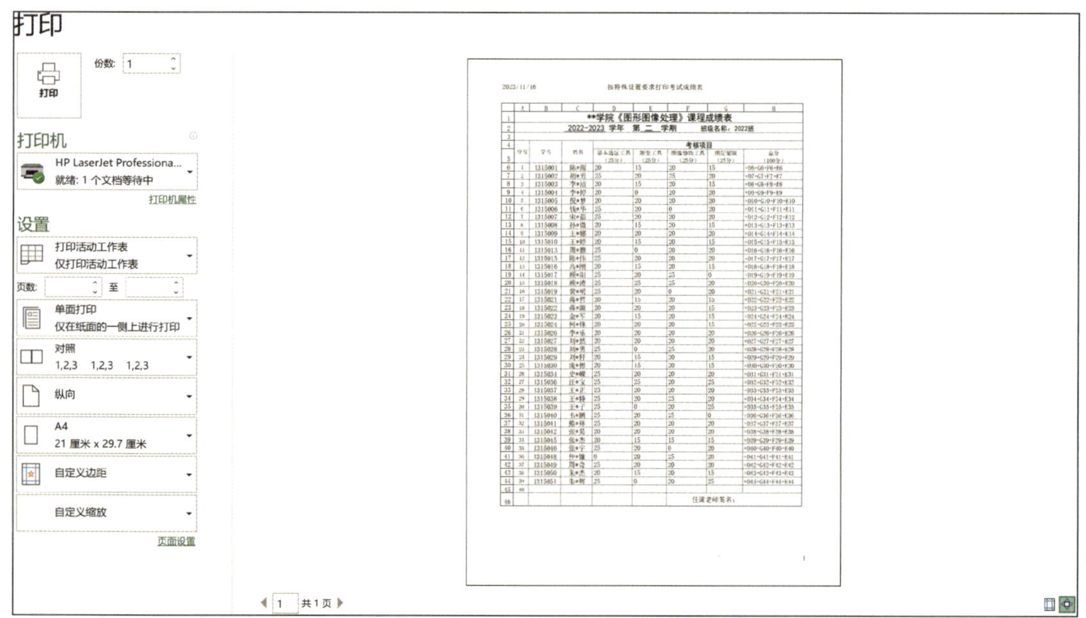

图 6-2-1　考试成绩表按特殊设置要求打印预览效果图

二、实训任务分析

要完成本实训任务，应按照图 6-2-2 所示的思维导图复习教材中学到的知识和技能。

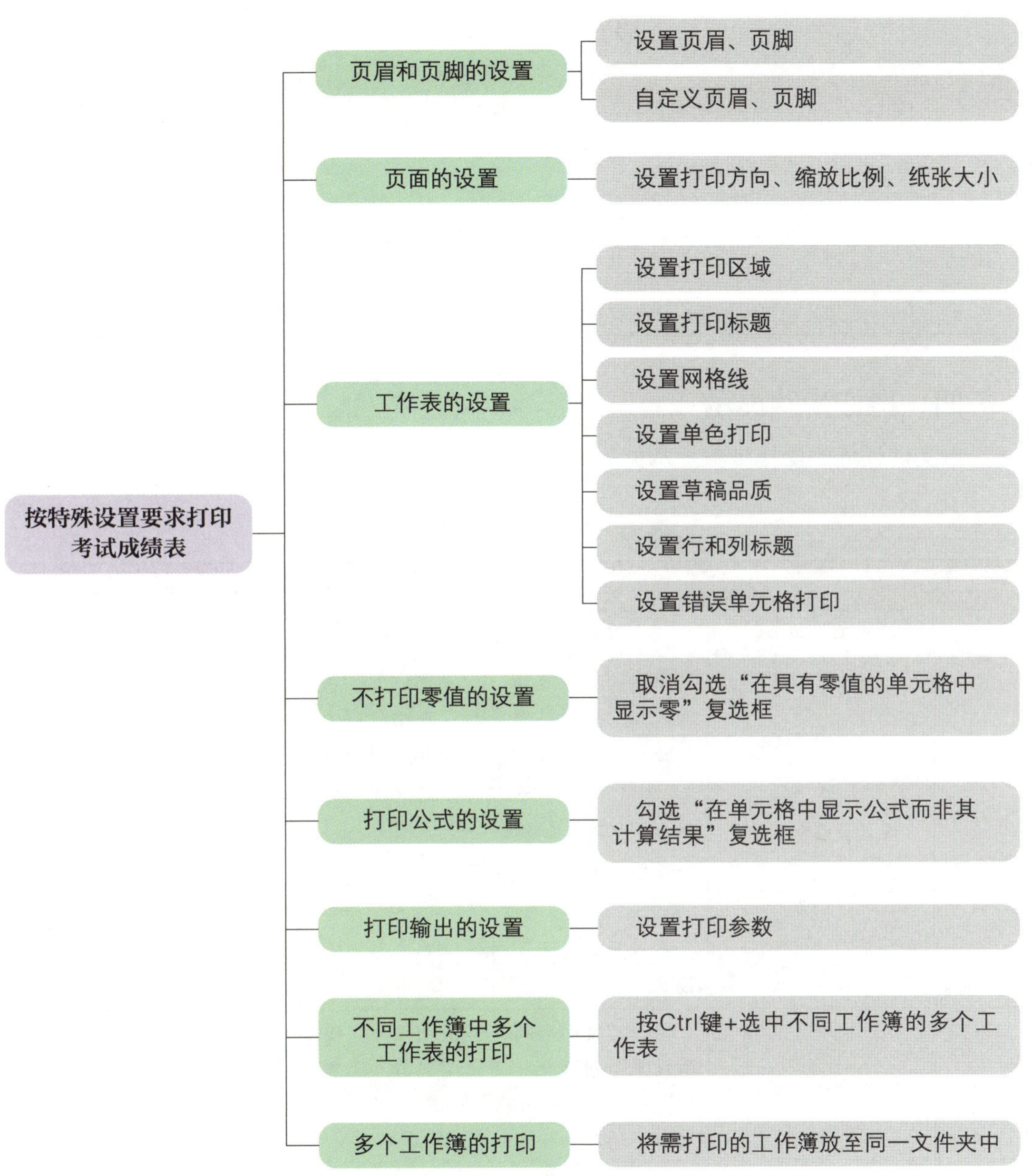

图 6-2-2　任务思维导图

本实训任务是按特殊设置要求打印考试成绩表。通过对工作表添加页眉、在右下角页脚处添加页码，以及对工作表进行打印标题、打印公式等的设置练习打印设置，同时本任务中还将练习多个工作表或工作簿同时打印的操作方法。

三、实训计划制订

根据任务分析，制订完成本实训任务的实训计划，填入表 6-2-1。

表 6-2-1 实训计划

序号	工作内容	所需时间

四、操作步骤提示

本实训任务的操作步骤提示见表 6-2-2。

表 6-2-2 操作步骤提示

序号	操作步骤	内容
1	打开工作簿	双击“考试成绩表”工作簿图标打开该工作簿
2	设置页眉和页脚	单击“页面布局”|“页面设置”组中的扩展按钮，在弹出的“页面设置”对话框中单击“页眉 / 页脚”选项卡。 单击“自定义页眉”按钮，在弹出的“页眉”对话框中，设置“左部”“中部”内容时分别单击“插入日期”“插入文件名”按钮，单击“确定”按钮。 单击“自定义页脚”按钮，在弹出的“页脚”对话框中，设置“右部”内容时单击“插入页码”按钮，单击“确定”按钮。 在“页面设置”对话框中单击“确定”按钮，完成页眉和页脚的设置
3	设置页面	单击“页面布局”|“页面设置”组中的扩展按钮，在弹出的“页面设置”对话框中单击“页面”选项卡，在“方向”栏中选择“纵向”，将“缩放比例”设置为“90%”、“纸张大小”设置为“A4”，单击“确定”按钮，完成页面设置
4	设置工作表	单击“页面布局”|“页面设置”组中的扩展按钮，在弹出的“页面设置”对话框中单击“工作表”选项卡，设置“打印区域”为“$A$1:$H$46”、“打印标题”为“$1:$5”，勾选“网格线”“单色打印”“行和列标题”复选框，设置“错误单元格打印”为“空白”、“注释”为“工作表末尾”。单击“确定”按钮，完成工作表的设置
5	设置打印零值	单击“文件”|“选项”，在弹出的“Excel 选项”对话框中选择“高级”，勾选“在具有零值的单元格中显示零”复选框
6	设置打印公式	单击“文件”|“选项”，在弹出的“Excel 选项”对话框中选择“高级”，勾选“在单元格中显示公式而非其计算结果”复选框

续表

序号	操作步骤	内容
7	设置打印参数	单击“文件”|“打印”，在“打印”窗口中可设置打印参数，如份数、页数、纸张方向、纸张大小等
8	保存文件	单击“文件”|“另存为”，设置文件名和保存位置进行保存
9	关闭 Excel 2021	单击窗口控制按钮中的“关闭”按钮进行关闭
10	打印不同工作簿中的多个工作表	打开需打印的工作表所在的工作簿，按住 Ctrl 键，逐个选中需打印的工作表，单击“文件”|“打印”，在“打印”窗口中“设置”下选择“打印活动工作表”
11	打印多个工作簿	将需打印的多个工作簿放至同一文件夹中，选中需打印的工作簿后，在右键快捷菜单中选择“打印”

五、操作要点记录

在表 6-2-3 中记录本实训任务的操作要点。

表 6-2-3　操作要点记录

序号	操作要点	备注

六、电子表格设置与打印记录

打开、设置电子表格并进行打印，排除出现的错误，并在表 6-2-4 中做好记录。

表 6-2-4　电子表格设置与打印记录

序号	出现错误	错误原因	处理方法

七、实训评价

本实训任务完成后，分享完成任务过程中的心得体会并展示成果，从软件操作、实训效果、成果展示等方面，采用自我评价、小组评价、教师评价相结合的多元评价方式对该实训任务进行评价，实训评价表见表 6-2-5。

表 6-2-5 实训评价表

序号	评价内容	配分 / 分	评价分数		
			自我评价（占比 30%）	小组评价（占比 30%）	教师评价（占比 40%）
1	对实训任务的分析准确到位	20			
2	能正确设置页眉、页脚、页面	10			
3	能正确设置工作表	10			
4	能正确设置是否打印零值和公式	10			
5	能正确设置打印参数	10			
6	能正确打印不同工作簿中的多个工作表	10			
7	能正确打印多个工作簿	10			
8	能正确展示及解说任务成果	20			
学生姓名			综合评分		

八、巩固与练习

1. 选择题

（1）在 Excel 2021 中，通过（　　）选项卡设置打印区域。

A. “开始”　　B. “页面布局”

C. “视图”　　D. “审阅”

（2）在 Excel 2021 中，若一张工作表有多页，为方便打印后查看，则需要设置（　　）。

A. 顶端标题行　　B. 从左侧重复的列数

C. 打印标题　　D. 以上选项全对

（3）在 Excel 2021 中，单击“文件”|“打印”，在“打印”窗口可以选择打印（　　）。

A. 选定区域　　B. 整个工作簿

C. 活动工作表　　　　　　　　　　D. 以上选项全对

（4）在 Excel 2021 中，可以在打印时设置（　　）。

A. 单色打印　　　　　　　　　　　B. 草稿质量

C. 注释　　　　　　　　　　　　　D. 以上选项全对

（5）下列关于 Excel 2021 的说法中正确的是（　　）。

A. 可以不打印零值　　　　　　　　B. 可以只打印公式

C. 可以打印页眉、页脚内容　　　　D. 以上选项全对

2. 操作题

根据所学知识，打开“项目六 \ 任务 2\ 素材 \ 操作题”工作簿，完成下列操作：

（1）添加页眉：中部显示文件名，右部显示日期；添加页脚：中部显示页码。

（2）取消勾选“在具有零值的单元格中显示零”复选框、勾选“在单元格中显示公式而非其计算结果”“单色打印”“行和列标题”“网格线”复选框。

（3）在第 4 行上方插入分页符，并在两页分别打印标题。

（4）打印方向：横向；纸张大小：A4。

项目七
数值计算与分析

任务 1　处理实验数据

一、实训任务介绍

某实验室规定每次完成实验后，实验员要及时进行实验数据的录入和基本处理。

具体要求如下：启动 Excel 2021，新建空白工作簿，在工作表中输入实验中所测得的 B~C 列数据值，利用公式“电阻 = 电压 / 电流、功率 = 电压 × 电流”计算 D 列的电阻值和 E 列的功率值。对单元格 E3 的公式进行修改（如“E3=B3*C3+0”），查看单元格中公式不一致的提示（单元格左上角有绿色三角形），最后将工作簿命名为“实验数据”并保存，效果如图 7-1-1 所示。

	A	B	C	D	E	F
1		电压 U/V	电流 I/A	电阻 R/Ω	功率 P/W	
2	试样1	4.00	0.28	14.29	1.1	
3	试样2	3.80	0.26	14.62	1.0	
4	试样3	3.00	0.22	13.64	0.7	
5						

图 7-1-1　实验数据效果图

二、实训任务分析

要完成本实训任务，应按照图 7-1-2 所示的思维导图复习教材中学到的知识和技能。

本实训任务是处理实验数据。启动 Excel 2021，进行输入实验数据、输入公式、编辑公式等操作。在完成实训任务的过程中，应注意不同输入及编辑公式的方法。

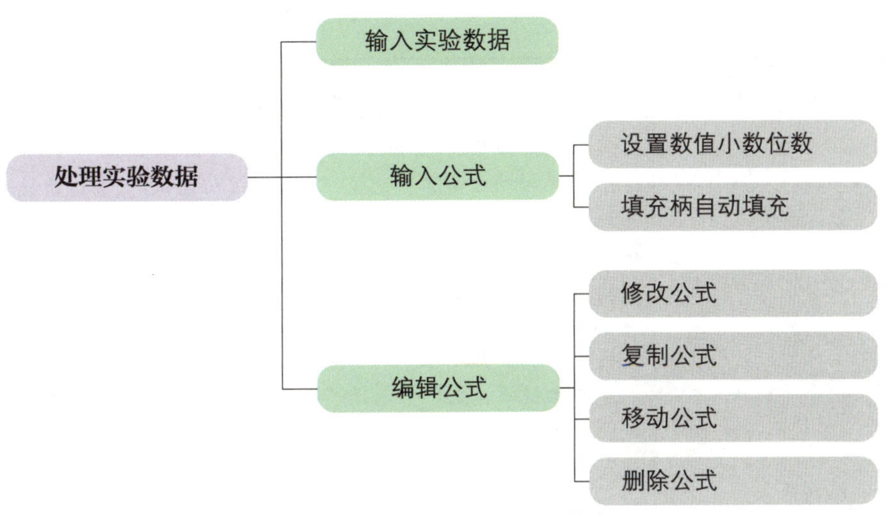

图 7-1-2　任务思维导图

三、实训计划制订

根据任务分析，制订完成本实训任务的实训计划，填入表 7-1-1。

表 7-1-1　实训计划

序号	工作内容	所需时间

四、操作步骤提示

本实训任务的操作步骤提示见表 7-1-2。

表 7-1-2　操作步骤提示

序号	操作步骤	内容
1	启动 Excel 2021	单击操作系统“开始”|“Excel”，启动 Excel 2021
2	新建工作簿	单击 Excel 2021 启动界面中的“空白工作簿”
3	输入实验数据	在单元格区域 B2:C4 内输入实验中所测得数据

续表

序号	操作步骤	内容
4	输入公式	选中单元格 D2，输入公式“=B2/C2”后按 Enter 键，选中单元格 D2，在右键快捷菜单中选择“设置单元格格式”，在弹出的“设置单元格格式”对话框中单击“数字”选项卡，在“分类”中选择“数值”，设置“小数位数”为“2”，将鼠标指针移至单元格 D2 右下角，利用填充柄将结果自动填充到单元格区域 D3:D4
5	编辑公式	选中单元格 E2，输入公式“=B2*C2”后按 Enter 键，选中单元格 E2，在右键快捷菜单中选择“设置单元格格式”，在弹出的“设置单元格格式”对话框中单击“数字”选项卡，在“分类”中选择“数值”，设置“小数位数”为“1”，将鼠标指针移至单元格 E2 右下角，利用填充柄将结果自动填充到单元格区域 E3:E4，可以看到公式的相对引用位置发生了变化。 选中单元格 E3，将该单元格公式改为“=B3*C3+0”，观察单元格 E3 的显示和公式内容，与修改前进行对比
6	保存文件	单击快速访问工具栏中的“保存”按钮或“文件”|“保存”，设置文件名和保存位置进行保存
7	关闭 Excel 2021	单击窗口控制按钮中的“关闭”按钮进行关闭

五、操作要点记录

在表 7-1-3 中记录本实训任务的操作要点。

表 7-1-3　操作要点记录

序号	操作要点	备注

六、电子表格制作与修改记录

制作并修改电子表格，排除出现的错误，并在表 7-1-4 中做好记录。

表 7-1-4　电子表格修改记录

序号	出现错误	错误原因	处理方法

七、实训评价

本实训任务完成后，分享完成任务过程中的心得体会并展示成果，从软件操作、实训效果、成果展示等方面，采用自我评价、小组评价、教师评价相结合的多元评价方式对该实训任务进行评价，实训评价表见表 7-1-5。

表 7-1-5　实训评价表

序号	评价内容	配分 / 分	评价分数		
			自我评价（占比 30%）	小组评价（占比 30%）	教师评价（占比 40%）
1	对实训任务的分析准确到位	20			
2	能正确输入实验数据	20			
3	能正确输入公式并设置数值小数位数	20			
4	能正确编辑公式	20			
5	能正确展示及解说任务成果	20			
学生姓名		综合评分			

八、巩固与练习

1. 选择题

（1）在 Excel 2021 中，可以用（　　）函数统计一行单元格数值的总和。

A. COUNT　　B. AVERAGE

C. MAX　　D. SUM

（2）（多选）在工作表中输入函数的方法有（　　）。

A. 直接在单元格中输入函数

B. 直接在编辑栏中输入函数

C. 利用“插入函数”按钮

D. 利用“公式”|“函数库”|“插入函数”按钮

（3）在 Excel 2021 中，输入公式必须以（　　）开头。

A. =　　B. @　　C. :　　D. #

（4）Excel 公式中允许使用的文本运算符是（　　）。

A. *　　B. +　　C. %　　D. &

（5）在 Excel 2021 中进行操作时，若某单元格中显示“#VALUE!”，则表示（　　）。

A. 公式引用的单元格所包含的数值无效

B. 单元格中的数字过大

C. 计算结果太长，超过了单元格宽度

D. 在公式中使用了错误的数据类型

2. 操作题

根据所学知识，打开“项目七\任务1\素材\操作题”工作簿，按要求完成工作表中的计算，并将此文件保存到“E:\”，将其命名为“项目七任务1操作题”。

请根据每位学生的平时、阶段和期末成绩计算出该学生的总评成绩，效果如图 7-1-3 所示。总评成绩 = 平时成绩 × 平时成绩占分比 + 阶段成绩 × 阶段成绩占分比 + 期末成绩 × 期末成绩占分比。

	A	B	C	D	E	F	G	H	I	J
1	**班计算机课程									
2	学号/工号	学生姓名	平时成绩	阶段成绩	期末成绩	总评成绩		平时成绩占分比	阶段成绩占分比	期末成绩占分比
3	131703203101	包01	79	90	68	77		20%	30%	50%
4	131703203102	周02	69	62	68	66				
5	131703203103	程03	61	90	80	79				
6	131703203104	何04	80	78	65	72				
7	131703203105	黄05	75	62	65	66				
8	131703203106	刘06	80	66	73	72				
9	131703203107	陆07	74	87	84	83				
10	131703203108	唐08	66	90	96	88				
11	131703203109	王09	85	60	60	65				
12	131703203110	吴10	86	98	65	79				
13	131703203111	徐11	84	78	65	73				
14	131703203112	张12	74	70	80	76				
15	131703203113	周13	63	78	87	79				
16	131703203114	丁14	96	64	66	71				
17	131703203115	范15	85	89	87	87				
18	131703203116	高16	62	75	87	78				
19	131703203117	顾17	80	82	78	80				
20	131703203118	顾18	90	75	87	84				
21	131703203119	关19	84	66	78	76				
22	131703203120	胡20	88	80	75	79				

图 7-1-3　项目七任务 1 操作题效果图

任务 2　制作员工工资表

一、实训任务介绍

某企业不同岗位、不同人员工资待遇有所不同，现需要财务部科员制作员工工资表。

具体要求如下：启动 Excel 2021，新建空白工作簿，在工作表中输入单元格区域 A1:D6、A8:M8、A9:C16、E9:E16、G9:K16 的内容，利用 VLOOKUP 函数计算单元格 D9 的部门名称，利用 XLOOKUP 函数计算单元格 F9 的类别名称，利用 IF 函数计算单元格 L9 的奖金，对工龄大于 7 且加班费大于等于 800 的员工发放 500 元奖金，在单元格 M9 中输入求和公式计算出当月应发工资，通过填充柄进行单元格公式复制来计算其余数据，将工作簿命名为“员工工资表”并保存，效果如图 7-2-1 所示。

	A	B	C	D	E	F	G	H	I	J	K	L	M	N
1	部门编号	部门名称	类别编号	类别名称										
2	B01	采购部	L01	采购人员										
3	B02	生产部	L02	技术人员										
4	B03	销售部	L03	销售人员										
5	B04	人事部	L04	培训人员										
6	B05	财务部	L05	会计人员										
7														
8	员工编号	员工名称	部门编号	部门名称	类别编号	类别名称	基本工资	住房补贴	交通补贴	工龄	加班费	奖金	当月应发	
9	2023001	N1	B03	销售部	L01	采购人员	5000	1000	500	8	1000	500	8000	
10	2023002	N2	B04	人事部	L04	培训人员	4800	880	500	10	800	500	7480	
11	2023003	N3	B01	采购部	L03	销售人员	7000	1430	500	5	500	0	9430	
12	2023004	N4	B04	人事部	L04	培训人员	4800	880	500	3	600	0	6780	
13	2023005	N5	B05	财务部	L05	会计人员	4600	850	500	20	1100	500	7550	
14	2023006	N6	B03	销售部	L01	采购人员	5000	1000	500	5	300	0	6800	
15	2023007	N7	B02	生产部	L02	技术人员	6000	1280	500	13	1200	500	9480	
16	2023008	N8	B04	人事部	L04	培训人员	5200	1093	500	7	900	0	7693	
17														

图 7-2-1　员工工资表效果图

二、实训任务分析

要完成本实训任务，应按照图 7-2-2 所示的思维导图复习教材中学到的知识和技能。

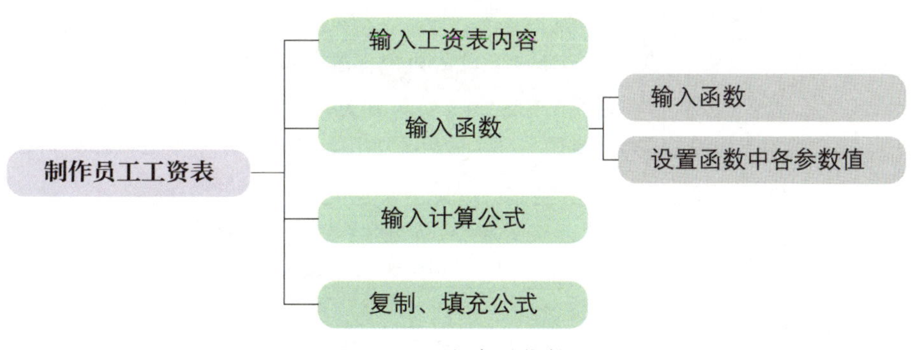

图 7-2-2　任务思维导图

本实训任务是制作员工工资表。启动 Excel 2021，进行输入工资表内容、尝试不同方法输入函数及设置函数中各参数值、输入计算公式、复制填充公式等操作。在完成实训任务的过程中，应注意输入及编辑函数的不同方法。

三、实训计划制订

根据任务分析，制订完成本实训任务的实训计划，填入表 7-2-1。

表 7-2-1　实训计划

序号	工作内容	所需时间

四、操作步骤提示

本实训任务的操作步骤提示见表 7-2-2。

表 7-2-2　操作步骤提示

序号	操作步骤	内容
1	启动 Excel 2021	单击操作系统“开始”|“Excel”，启动 Excel 2021
2	新建工作簿	单击 Excel 2021 启动界面中的“空白工作簿”
3	输入工资表内容	根据效果图，在单元格区域 A1:D6 内输入工资表内容。 在单元格区域 A8:M8 内输入各字段名称，分别在单元格区域 A9:C16、E9:E16、G9:K16 内输入工资表内容
4	输入函数	选中单元格 D9，输入公式“=VLOOKUP(C9,$A$2:$B$6,2)”，利用 VLOOPUP 函数计算出部门名称。 选中单元格 F9，输入公式“=XLOOKUP(E9,$C$1:$C$6,$D$1:$D$6)”，利用 XLOOPUP 函数计算出类别名称。 选中单元格 L9，输入公式“=IF(J9>7,IF(K9>=800,500,0),0)”，利用 IF 函数，对工龄大于 7 且加班费大于等于 800 的员工进行奖金计算
5	输入计算公式	选中单元格 M9，利用公式“=G9+H9+I9+K9+L9”或利用 SUM 函数“=SUM(G9:I9,K9:L9)”，进行当月应发工资的计算
6	复制、填充公式	将鼠标指针分别放置于单元格 D9、F9、L9、M9 右下角，利用填充柄向下复制公式完成自动填充

续表

序号	操作步骤	内容
7	保存文件	单击快速访问工具栏中的“保存”按钮或“文件”|“保存”，设置文件名和保存位置进行保存
8	关闭 Excel 2021	单击窗口控制按钮中的“关闭”按钮进行关闭

五、操作要点记录

在表 7–2–3 中记录本实训任务的操作要点。

表 7–2–3　操作要点记录

序号	操作要点	备注

六、电子表格制作与修改记录

制作并修改电子表格，排除出现的错误，并在表 7–2–4 中做好记录。

表 7–2–4　电子表格修改记录

序号	出现错误	错误原因	处理方法

七、实训评价

本实训任务完成后，分享完成任务过程中的心得体会并展示成果，从软件操作、实训效果、成果展示等方面，采用自我评价、小组评价、教师评价相结合的多元评价方式对该实训任务进行评价，实训评价表见表 7–2–5。

表 7-2-5　实训评价表

序号	评价内容		配分 / 分	评价分数		
				自我评价（占比 30%）	小组评价（占比 30%）	教师评价（占比 40%）
1	对实训任务的分析准确到位		20			
2	能正确输入工资表内容		10			
3	能正确输入函数		20			
4	能正确输入计算公式		15			
5	能正确复制、填充公式		15			
6	能正确展示及解说任务成果		20			
学生姓名			综合评分			

八、巩固与练习

1. 选择题

（1）在 Excel 2021 中，若单元格引用随公式所在单元格位置的变化而改变，则称之为（　　）。

A. 相对引用　　B. 绝对引用　　C. 混合引用　　D. 3D 引用

（2）在单元格 A2 中输入“4.1”，在单元格 A3 中输入“4.3”，选中单元格区域 A2:A3 后向下拖动填充柄，得到的数字序列是（　　）。

A. 等差序列　　B. 等比序列　　C. 整数序列　　D. 日期序列

（3）（多选）在 Excel 2021 中，设 E 列存放“学生成绩”，F 列存放“成绩等级”。当学生成绩大于等于 60 时，成绩等级为合格；当学生成绩小于 60 时，成绩等级为不合格，则 F 列的数据可根据公式计算。其中单元格 F2 的公式应为（　　）。

A. “=IF(E2>=60," 合格 "," 不合格 ")”

B. “=IF(E2>60," 合格 "," 不合格 ")”

C. “=IF(E2<60," 不合格 "," 合格 ")”

D. “=IF(E2<=60," 不合格 "," 合格 ")”

（4）（　　）函数是文本函数。

A. VALUE　　B. LOOKUP　　C. AVERAGE　　D. SUM

（5）（多选）下列关于函数输入的叙述中不正确的是（　　）。

A. 必须以“=”开头

B. 函数中有多个参数时，各参数间用“,”分开

C. 函数参数必须用双引号括起来

D. 若函数中的参数为字符串，则可直接输入

2. 操作题

根据所学知识，打开“项目七\任务 2\素材\操作题”工作簿，按要求完成以下计算，效果如图 7-2-3 所示，并将此文件保存到“E:\”，将其命名为“项目七任务 2 操作题”。

（1）计算出每位学生的总成绩及平均分。

（2）计算出计算机课程的最高分、最低分。

（3）统计出参加计算机课程考试的总人数。

（4）根据平均分按升序排序，将结果填在“名次”列。

	A	B	C	D	E	F	G	H	I	J	K	L
1		**班学期成绩表										
2	学号/工号	学生姓名	语文	数学	英语	计算机	总成绩	平均分	名次		计算机最高分	89
3	131703203101	包01	79	90	68	70	307	77	11		计算机最低分	61
4	131703203102	周02	69	62	68	78	277	69	2		计算机考试的总人数	20
5	131703203103	程03	61	90	80	64	294	74	5			
6	131703203104	何04	80	78	65	89	312	78	13			
7	131703203105	黄05	75	62	65	75	277	69	1			
8	131703203106	刘06	80	66	73	82	301	75	8			
9	131703203107	陆07	74	87	84	75	320	80	16			
10	131703203108	唐08	66	90	96	66	318	79	15			
11	131703203109	王09	85	60	60	80	285	71	4			
12	131703203110	吴10	86	98	65	79	327	82	18			
13	131703203111	徐11	84	78	65	69	296	74	6			
14	131703203112	张12	74	70	80	61	285	71	3			
15	131703203113	周13	63	78	87	80	307	77	12			
16	131703203114	丁14	96	64	66	75	301	75	9			
17	131703203115	范15	85	89	87	80	341	85	20			
18	131703203116	高16	62	75	87	74	298	74	7			
19	131703203117	顾17	80	82	78	66	306	77	10			
20	131703203118	顾18	90	75	87	85	337	84	19			
21	131703203119	关19	84	66	78	86	314	78	14			
22	131703203120	胡20	88	80	75	84	327	82	17			

图 7-2-3　项目七任务 2 操作题效果图

任务 3　分析身份证号

一、实训任务介绍

某公司员工信息登记表有部分信息缺失，但可以通过处理与分析身份证号进行补全，现需要人事部科员开展此项工作。

具体要求如下：启动 Excel 2021，新建空白工作簿，在工作表中输入公司员工身份

证号等信息，根据身份证号，在单元格 C2 中利用 MID 函数计算出出生日期，在单元格 D2 中利用 YEAR 函数计算出出生年份，在单元格 E2 中输入公式计算出年龄，在单元格 F2 中利用 IF、ISEVEN 和 MID 函数计算出性别，通过填充柄分别进行单元格的自动填充，最后将此工作簿命名为“分析身份证号”并保存，效果如图 7-3-1 所示。

	A	B	C	D	E	F	G
1	姓　名	身份证号	出生日期	出生年份	年龄	性别	
2	张　菲	370934199812152167	1998年12月15日	1998	25	女	
3	刘文馨	32092419870605471X	1987年06月05日	1987	36	男	
4	杨　琴	410232199608281726	1996年08月28日	1996	27	女	
5	陈浩宇	420211199912051319	1999年12月05日	1999	24	男	
6	宋天真	440322200010250514	2000年10月25日	2000	23	男	
7	孔家瑜	500231200312174528	2003年12月17日	2003	20	女	
8	王慧方	520213198901022546	1989年01月02日	1989	34	女	
9							

图 7-3-1　分析身份证号效果图

二、实训任务分析

要完成本实训任务，应按照图 7-3-2 所示的思维导图复习教材中学到的知识和技能。

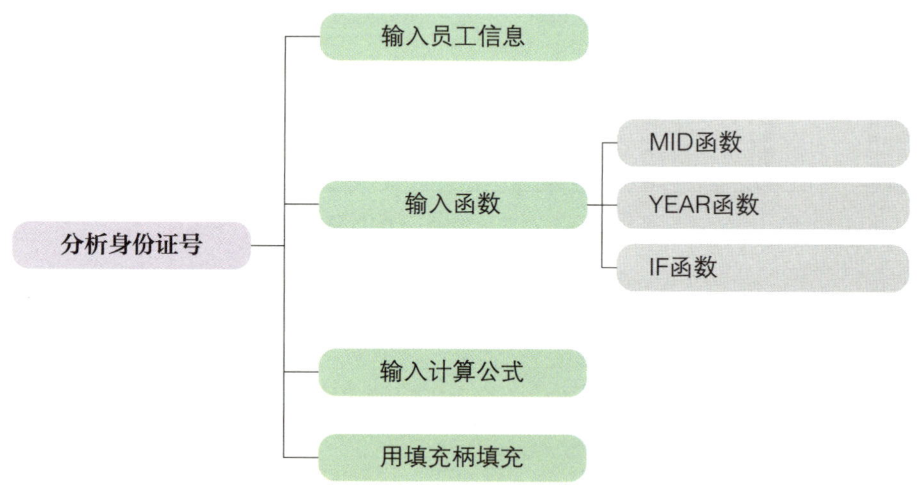

图 7-3-2　任务思维导图

本实训任务是分析身份证号。启动 Excel 2021，进行输入员工信息、输入 MID 和 YEAR 等函数及设置函数中各参数值、输入计算公式、使用填充柄填充等操作。在完成实训任务的过程中，应注意函数参数值的设置。

提示：本任务中需使用 ISEVEN 函数，请结合教材所学知识进行查询。Excel 中的 ISEVEN 函数在值为偶数时返回 TRUE，在值为奇数时返回 FALSE。如果值不是数字，将返回 #VALUE！错误。ISEVEN 函数的语法为“=ISEVEN(数值)”，例如，如果我们要判断数字 10 是否为偶数，可以输入“=ISEVEN（10）”并按下 Enter 键，若函数返回 True，则说明数字 10 是偶数；若函数返回 False，则说明数字 10 是奇数。

三、实训计划制订

根据任务分析，制订完成本实训任务的实训计划，填入表 7–3–1。

表 7–3–1　实训计划

序号	工作内容	所需时间

四、操作步骤提示

本实训任务的操作步骤提示见表 7–3–2。

表 7–3–2　操作步骤提示

序号	操作步骤	内容
1	启动 Excel 2021	单击操作系统“开始”|“Excel”，启动 Excel 2021
2	新建工作簿	单击 Excel 2021 启动界面中的“空白工作簿”
3	输入员工信息	根据效果图，在单元格区域 A1:F1 内输入字段名称，在单元格区域 A2:A8 内输入姓名。 选中单元格区域 B2:B8，在右键快捷菜单中选择“设置单元格格式”，在弹出的“设置单元格格式”对话框中单击“数字”选项卡，在“分类”中选择“文本”，单击“确定”按钮。根据效果图，在单元格区域 B2:B8 内输入身份证号
4	输入函数	选中单元格 C2，输入公式“=MID(B2,7,4)&"年"&MID(B2,11,2)&"月"&MID(B2,13,2)&"日"”，利用 MID 函数计算出生日期。 选中单元格 D2，输入公式“=YEAR(C2)”，利用 YEAR 函数计算出生年份。 选中单元格 F2，输入公式“=IF(ISEVEN(MID(B2,17,1)),"女","男")”，利用 IF、ISEVEN 和 MID 函数计算性别
5	输入计算公式	选中单元格 E2，输入公式“=2023−D2”，计算年龄

续表

序号	操作步骤	内容
6	用填充柄填充	将鼠标指针分别放置于单元格 C2、D2、F2、E2 右下角，利用填充柄向下复制公式完成自动填充
7	保存文件	单击快速访问工具栏中的“保存”按钮或“文件”|“保存”，设置文件名和保存位置进行保存
8	关闭 Excel 2021	单击窗口控制按钮中的“关闭”按钮进行关闭

五、操作要点记录

在表 7-3-3 中记录本实训任务的操作要点。

表 7-3-3　操作要点记录

序号	操作要点	备注

六、电子表格制作与修改记录

制作并修改电子表格，排除出现的错误，并在表 7-3-4 中做好记录。

表 7-3-4　电子表格修改记录

序号	出现错误	错误原因	处理方法

七、实训评价

本实训任务完成后，分享完成任务过程中的心得体会并展示成果，从软件操作、实训效果、成果展示等方面，采用自我评价、小组评价、教师评价相结合的多元评价方式对该实训任务进行评价，实训评价表见表 7–3–5。

表 7–3–5　实训评价表

序号	评价内容	配分 / 分	评价分数		
			自我评价（占比 30%）	小组评价（占比 30%）	教师评价（占比 40%）
1	对实训任务的分析准确到位	20			
2	能正确输入员工信息	10			
3	能正确输入函数	20			
4	能正确输入计算公式	15			
5	能正确利用填充柄填充	15			
6	能正确展示及解说任务成果	20			
学生姓名		综合评分			

八、巩固与练习

1. 选择题

（1）在 Excel 2021 中进行操作时，若某单元格中出现“#####”，则表示（　　）。

A. 公式引用的单元格所包含的数值无效

B. 单元格中的数字太大

C. 计算结果太长，超过了单元格宽度

D. 在公式中使用了错误的数据类型

（2）下列数据中不属于 Excel 2021 中日期型数据的是（　　）。

A. 2021 年 12 月 10 日　　B. 2021.12.10

C. 12/10/21　　D. 二〇二一年十二月十日

（3）在 Excel 2021 中，下列公式中不正确的是（　　）。

A. “=1/4+B”　　B. “=7*8”　　C. “=1/4+8”　　D. “=5”

（4）下列选项中不是逻辑函数的是（　　）。

A. IF　　B. NOT　　C. FALSED　　D. ISLOGICAL

（5）在（　　）情况下需要引用绝对地址。

A. 当把一个含有单元格地址的公式复制到一个新的位置时，为使公式中单元格地址随新位置的不同而变化

B. 当在引用的函数中填入一个范围时，为使函数中的范围随地址位置的不同而变化

C. 当把一个含有范围的公式或函数复制到一个新的位置时，为使公式或函数中范围随新位置的不同而变化

D. 当把一个含有范围的公式或函数复制到一个新的位置时，为使公式或函数中范围不随新位置的不同而变化

2. 操作题

根据所学知识，打开“项目七\任务 3\素材\操作题”工作簿，完成下列计算，如图 7–3–3 所示，并将此文件保存到“E:\”，将其命名为“项目七任务 3 操作题”。

（1）利用 IF、ISEVEN 和 MID 函数，根据身份证号计算性别。

（2）利用 IF 和 COUNTIF 函数，计算身份证号是否重复。

提示：公式“=IF(COUNTIF(B$2:B$8,B2)>1," 重复 ","")”表示如果单元格中的字段重复，其个数肯定 >1，所以首先利用 COUNTIF 函数统计出单元格 B2 字段在指定区域 B$2:B$8 中的个数，然后用 IF 函数去判断其个数，若 >1，则返回“重复”，否则返回空值。

	A	B	C	D	E	F	G
1	姓名	身份证号	出生日期	出生年	年龄	性别	身份证号是否有重
2	张一	110226196603232000	1966年03月23日	1966	57	女	
3	王二	110226197811132303	1978年11月13日	1978	45	女	重复
4	李三	115242198206274312	1982年06月27日	1982	41	男	
5	马六	120761198609124532	1986年09月12日	1986	37	男	重复
6	王九	256536198003146554	1980年03月14日	1980	43	男	
7	王二	110226197811132303	1978年11月13日	1978	45	女	重复
8	马六	120761198609124532	1986年09月12日	1986	37	男	重复

图 7–3–3　项目七任务 3 操作题效果图

项目八
Excel在实际中的应用

任务1 建立员工考勤系统

一、实训任务介绍

某公司随着员工数量的增加，员工信息和考勤登记工作量也逐渐增加，现要求人事部使用Excel 2021设计一款功能适当、操作简单的员工考勤系统。

具体要求如下：启动Excel 2021，新建空白工作簿，在工作表Sheet1单元格区域A1:BL16输入员工出缺勤记录，其中设置标题字体为宋体、字号为18。在单元格A2中利用YEAR、TODAY和MONTH函数计算出当前年月，考勤符号需与效果图一致，设置周末考勤单元格的背景色为“水绿色，个性色5，淡色60%”，根据效果图设置单元格边框，将此工作表命名为“出缺勤记录表”；在工作表Sheet2中，将单元格区域A1:K1合并，利用YEAR、TODAY和MONTH函数输入标题，设置其字体为宋体、字号为16。根据效果图，分别输入表头等单元格内容，在单元格B4、C4、D4、E4、F4、H4中利用COUNTIF函数，根据“出缺勤记录表”计算出勤天数、出差天数、事假天数、病假天数、无故缺勤天数，在单元格G4、I4、J4中输入公式计算请假天数、本月缺勤天数、本月实际出勤天数，在单元格K4“备注”列，利用IF函数统计出每个员工的事假天数和病假天数。根据效果图设置单元格区域A2:K13的内外边框，将此工作表命名为“出缺勤记录统计表”；在工作表Sheet3中，合并单元格区域A1:F1，利用YEAR、TODAY、MONTH函数输入标题，设置其字体为宋体、字号为16。在单元格区域A2:F2输入字段名称，为单元格A2设置斜线边框，根据效果图，合并单元格A13:E13，分别在单元格区域B3:B12、单元格A13中输入相应内容，利用公式且引用“出缺勤记录统计表”中出勤天数、出差天数、无故缺勤天数的数据计算单元格C3、D3、E3的内容，在单元格F3中利用IF函数计算应发奖金，每月有基本的奖金基数，若有请假或无故缺勤的情况，则根据请假扣30元/天和无故缺勤扣 100 元 / 天的计算方法扣除应发奖金，全勤的员工则按奖金基数发放全部奖金。在单元格 F13 中计算奖金总额，设置完表格内外边框后，再将此工作表命名为“出缺勤奖金表”。最后将此工作簿命名为“员工考勤系统”并保存，效果如图 8-1-1 所示。

某公司员工出缺勤记录表

2023年7月

编号	姓名＼日期	1		2		3		4		5		6		7		8		9		10		11		12		13		14		15		16	
		上	下	上	下	上	下	上	下	上	下	上	下	上	下	上	下	上	下	上	下	上	下	上	下	上	下	上	下	上	下	上	下
1	叶正亮					★	★	×	★	★	★	★	★	★	★					★	★	★	★	▽	★	★	★	★	★				
2	王惠国					★	★	★	★	★	★	★	★	★	★					★	★	★	★	★	★	★	★	★	★				
3	高章霞					★	★	△	★	★	★	▽	★	★	★					★	★	×	★	★	★	★	★	★	★				
4	靳远文					★	★	★	★	★	★	★	★	★	★					★	★	△	★	★	★	★	★	★	★				
5	周春雷					★	★	★	★	★	★	★	★	★	★					★	★	★	★	★	★	★	★	★	★				
6	千承锋					★	★	★	★	★	★	▽	★	★	★					★	★	△	★	★	★	★	★	★	★				
7	胡鑫花					★	★	▽	★	★	★	★	★	★	★					★	★	★	★	★	★	★	★	★	★				
8	徐彩云					★	★	★	★	★	★	★	★	★	△					★	★	★	★	★	★	★	★	★	★				
9	贾庆生					★	★	★	★	★	★	▽	★	★	★					★	★	★	★	▽	★	★	★	★	★				
10	尚明清					★	★	★	★	★	★	★	★	★	★					★	★	★	★	▽	★	★	★	★	★				

编号	姓名＼日期	17		18		19		20		21		22		23		24		25		26		27		28		29		30		31	
		上	下	上	下	上	下	上	下	上	下	上	下	上	下	上	下	上	下	上	下	上	下	上	下	上	下	上	下	上	下
1	叶正亮	★	★	★	★	★	★	★	★	★	★					★	★	★	★	★	★	★	★	★	★					★	★
2	王惠国	★	★	★	★	★	★	★	★	★	★					★	★	★	★	★	★	☆	★	★	★					★	★
3	高章霞	★	★	★	★	★	★	★	★	★	★					★	★	★	★	★	★	★	★	★	★					★	★
4	靳远文	★	★	★	★	★	★	☆	★	★	★					▽	★	☆	★	★	★	★	★	★	★					★	☆
5	周春雷	★	★	★	★	★	★	★	★	×	★					★	★	★	★	★	★	★	★	★	★					★	★
6	千承锋	★	★	★	★	★	★	▽	★	★	★					★	★	★	★	★	★	★	★	★	★					★	★
7	胡鑫花	★	★	★	★	★	★	★	★	★	★					★	★	★	★	★	★	★	★	★	★					★	★
8	徐彩云	★	★	★	★	★	★	×	★	▽	★					★	★	★	★	★	★	★	★	★	★					★	★
9	贾庆生	★	★	★	★	★	★	★	★	★	★					★	★	★	★	★	★	★	★	★	★					★	★
10	尚明清	★	★	★	★	★	★	★	★	★	★					★	★	★	★	★	★	★	★	★	★					★	★

注：△：事假；▽：病假；★：出勤；☆：出差；×：无故缺勤

制表人：　　　　负责人：

a）

某公司2023年7月出缺勤记录统计表

职工姓名	本月应出勤天数	出缺勤情况						本月缺勤天数	本月实际出勤天数	备　注
		出勤天数	出差天数	事假天数	病假天数	请假天数	无故缺勤天数			
叶正亮	21	20	0	0	0.5	0.5	0.5	1	20	病假0.5天
王惠国	21	20.5	0.5	0	0	0	0	0	21	
高章霞	21	19.5	0	0.5	0.5	1	0.5	1.5	19.5	事假0.5天，病假0.5天
靳远文	21	18.5	1.5	0.5	0.5	1	0	1	20	事假0.5天，病假0.5天
周春雷	21	20.5	0	0	0	0	0.5	0.5	20.5	
千承锋	21	19.5	0	0.5	1	1.5	0	1.5	19.5	事假0.5天，病假1天
胡鑫花	21	20.5	0	0	0.5	0.5	0	0.5	20.5	病假0.5天
徐彩云	21	19.5	0	0.5	0.5	1	0.5	1.5	19.5	事假0.5天，病假0.5天
贾庆生	21	20	0	0	1	1	0	1	20	病假1天
尚明清	21	20.5	0	0	0.5	0.5	0	0.5	20.5	病假0.5天

考勤单位负责人（签字）：　　　　统计人员（签字）：

出缺勤记录表　出缺勤记录统计表　出缺勤奖金表

b）

某公司2023年7月出缺勤奖金表

姓名＼天数	奖金基数 / 元	出勤天数	请假天数	无故缺勤天数	应发奖金 / 元
叶正亮	1000	20	0.5	0.5	935
王惠国	1000	20.5	0	0	1000
高章霞	1000	19.5	1	0.5	920
靳远文	1000	18.5	1	0	970
周春雷	1000	20.5	0	0.5	950
千承锋	1000	19.5	1.5	0	955
胡鑫花	1000	20.5	0.5	0	985
徐彩云	1000	19.5	1	0.5	920
贾庆生	1000	20	1	0	970
尚明清	1000	20.5	0.5	0	985
本月奖金总额					9590

出缺勤记录表　出缺勤记录统计表　出缺勤奖金表

c）

图 8-1-1　员工考勤系统效果图

a）出缺勤记录表　b）出缺勤记录统计表　c）出缺勤奖金表

二、实训任务分析

要完成本实训任务，应按照图 8-1-2 所示的思维导图复习教材中学到的知识和技能。

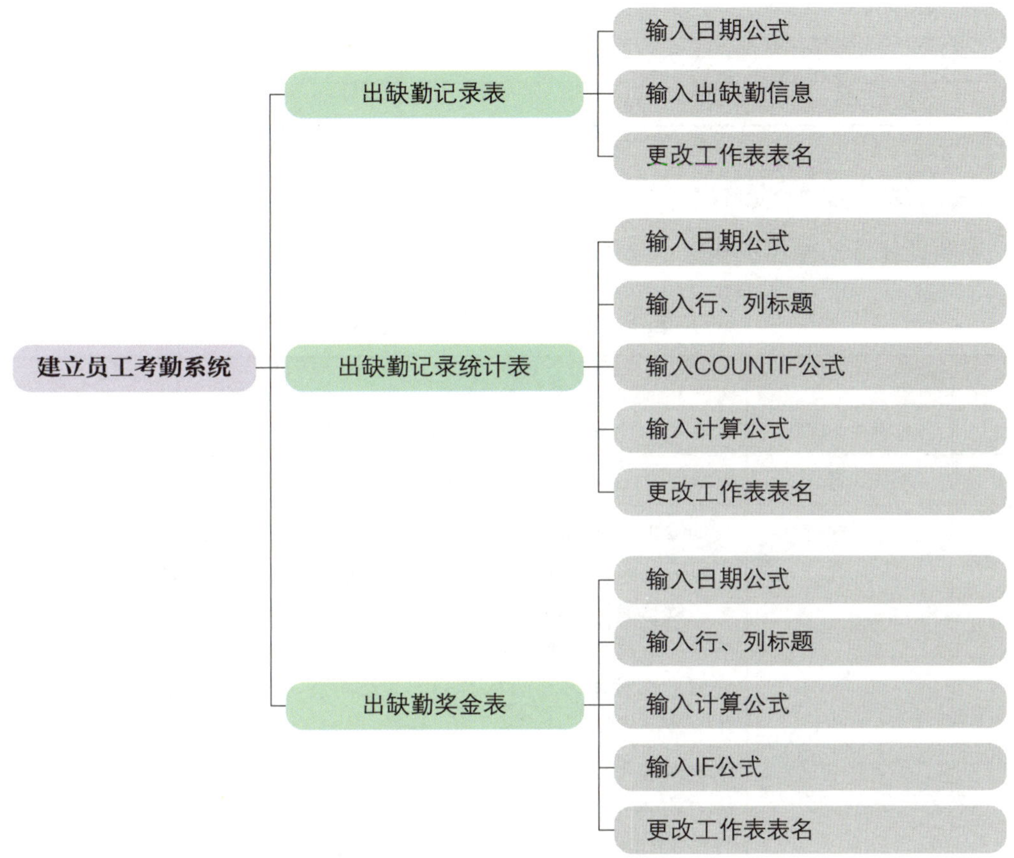

图 8-1-2　任务思维导图

本实训任务是建立员工考勤系统，包括出缺勤记录表、出缺勤记录统计表以及与之相关联的出缺勤奖金表 3 个部分。出缺勤记录表主要记录了员工在一个月中工作日的出勤情况；出缺勤记录统计表主要统计此月员工的出勤情况，包括出勤天数、请假天数等；而出缺勤奖金表记录了与员工的出缺勤情况相关联的应发奖金金额。

三、实训计划制订

根据任务分析，制订完成本实训任务的实训计划，填入表 8-1-1。

表 8-1-1 实训计划

序号	工作内容	所需时间

四、操作步骤提示

本实训任务的操作步骤提示见表 8-1-2。

表 8-1-2 操作步骤提示

序号	操作步骤	内容
1	启动 Excel 2021	单击操作系统“开始”|“Excel”，启动 Excel 2021
2	新建工作簿	单击 Excel 2021 启动界面中的“空白工作簿”
3	出缺勤记录表	选择工作表 Sheet1。 输入标题：选中单元格区域 A1:BL1，在右键快捷菜单中选择“设置单元格格式”，在弹出的“设置单元格格式”对话框中单击“对齐”选项卡，勾选“文本控制”栏中的“合并单元格”复选框，单击“确定”按钮。在该单元格输入标题“某公司员工出缺勤记录表”，设置“字体”为“宋体”、“字号”为“18”。 输入日期：按照同样的方法，选中单元格区域 A2:BL2，合并单元格，输入公式“=YEAR(TODAY())&"年"&MONTH(TODAY())&"月"”，利用 YEAR、TODAY 和 MONTH 函数计算出当前年月。 设置表头格式：根据效果图，在单元格区域 A3:BL3 输入字段名称，选中单元格区域 B3:B4，在右键快捷菜单中选择“设置单元格格式”，在弹出的“设置单元格格式”对话框中单击“对齐”选项卡，勾选“合并单元格”复选框；单击“边框”选项卡，在“边框”预览区单击“⧅”按钮，单击“确定”按钮。 输入内容：根据效果图，在单元格区域 A3:BL14 输入数据，需单击“插入”|“符号”|“符号”按钮，在弹出的“符号”对话框中选择相应出缺勤记录符号插入，分别在单元格 A15、AQ16、BH16 输入相应内容。 设置单元格格式：按住 Ctrl 键的同时分别选中单元格区域 C5:F14、Q5:T14、AE5:AH14、AS5:AV14、BG5:BJ14，在右键快捷菜单中选择“设置单元格格式”，在弹出的“设置单元格格式”对话框中单击“填充”选项卡，选择“背景色”为“水绿色，个性色，淡色 60%”。

续表

序号	操作步骤	内容
3	出缺勤记录表	更改工作表名：选中 Sheet1 表名，在右键快捷菜单中选择“重命名”，输入“出缺勤记录表”
4	出缺勤记录统计表	选择工作表 Sheet2。 输入标题：按照操作步骤 2 同样的方法合并单元格区域 A1:K1，并在该单元格利用公式输入“="某公司"&YEAR(TODAY())&"年"&MONTH(TODAY())&"月出缺勤记录统计表"”，设置“字体”为“宋体”、“字号”为“16”。 设置表头格式：根据效果图，按照操作步骤 2 同样的方法合并单元格区域 A2:A3、B2:B3、I2:I3、J2:J3、K2:K3、C2:H2、A15:D15、I15:J15。 输入内容：根据效果图，在单元格区域 A2:K3 输入各字段名称，在单元格区域 A4:A13、A15:D15、I15:J15 输入相应内容。 统计数据：选中单元格 B4，输入“=31-COUNTIF(出缺勤记录表 !C5:BL5,"")/2”。选中单元格 C4，输入“=COUNTIF(出缺勤记录表 !C5:BL5,"★")/2”。选中单元格 D4，输入“=COUNTIF(出缺勤记录表 !C5:BL5,"☆")/2”。选中单元格 E4，输入“=COUNTIF(出缺勤记录表 !C5:BL5,"△")/2”。选中单元格 F4，输入“=COUNTIF(出缺勤记录表 !C5:BL5,"▽")/2”。选中单元格 H4，输入“=COUNTIF(出缺勤记录表 !C5:BL5,"╳")/2”。 计算数据：选中单元格 G4，输入公式“=E4+F4”，计算出请假天数；选中单元格 I4，输入公式“=G4+H4”（或者插入函数“=SUM(G4:H4)”），计算出本月缺勤天数；选中单元格 J4，输入公式“=C4+D4”（或者插入函数“=SUM(C4:D4)”），计算出本月实际出勤天数。选中单元格 K4，在编辑栏输入“=IF(E4=0,IF(F4=0,"","病假"&F4&"天"),IF(F4=0,"事假"&E4&"天","事假"&E4&"天 , 病假"&F4&"天"))”，计算出该职工病假、事假天数。 更改工作表名：选中 Sheet2 表名，在右键快捷菜单中选择“重命名”，输入“出缺勤记录统计表”
5	出缺勤奖金表	选择工作表 Sheet3。 输入标题：按照操作步骤 2 同样的方法合并单元格 A1:F1，输入日期公式“="某公司"&YEAR(TODAY())&"年"&MONTH(TODAY())&"月出缺勤奖金表"”，设置“字体”为“宋体”、“字号”为“16”。 输入内容并设置格式：在单元格区域 A2:F2 输入字段名称，按照操作步骤 2 同样的方法设置该单元格 A2 的斜线、合并单元格区域 A13:E13 并输入内容、在单元格区域 B3:B12 输入奖金基数。 引用数据：选中单元格 C3，输入“= 出缺勤记录统计表 !C4”。选中单元格 D3，输入“= 出缺勤记录统计表 !G4”。选中单元格 E3，输入“= 出缺勤记录统计表 !H4”。

续表

序号	操作步骤	内容
5	出缺勤奖金表	计算数据：选中单元格 F3，输入公式“=IF(B3−D3*30−E3*100>0, B3−D3*30−E3*100,0)”计算出应发奖金。选中单元格 F13，输入公式“=SUM(F3:F12)”计算出本月奖金总额。 更改工作表名：选中 Sheet3 表名，在右键快捷菜单中选择“重命名”，输入“出缺勤奖金表”
6	保存文件	单击快速访问工具栏中的“保存”按钮或“文件”|“保存”，设置文件名和保存位置进行保存
7	关闭 Excel 2021	单击窗口控制按钮中的“关闭”按钮进行关闭

五、操作要点记录

在表 8–1–3 中记录本实训任务的操作要点。

表 8–1–3　操作要点记录

序号	操作要点	备注

六、电子表格制作与修改记录

制作并修改电子表格，排除出现的错误，并在表 8–1–4 中做好记录。

表 8–1–4　电子表格修改记录

序号	出现错误	错误原因	处理方法

七、实训评价

本实训任务完成后，分享完成任务过程中的心得体会并展示成果，从软件操作、实训效果、成果展示等方面，采用自我评价、小组评价、教师评价相结合的多元评价方式对该实训任务进行评价，实训评价表见表 8–1–5。

表 8–1–5　实训评价表

序号	评价内容		配分 / 分	评价分数		
				自我评价（占比 30%）	小组评价（占比 30%）	教师评价（占比 40%）
1	对实训任务的分析准确到位		20			
2	能正确输入出缺勤记录表信息		20			
3	能熟练输入公式统计出缺勤情况		20			
4	能记录与出缺勤情况相关联的出缺勤奖金金额		20			
5	能正确展示及解说任务成果		20			
学生姓名			综合评分			

八、巩固与练习

1. 选择题

（1）在 Excel 2021 中，计算参数中所有数值平均值的函数为（　　）函数。

A. SUM　　B. AVERAGE

C. COUNT　　D. TEXT

（2）假设单元格 A1 中的公式为“=B1+B2”，若将其复制到单元格 C1 中，则公式为（　　）。

A. “=D1+D2”　　B. “=D1+A2”

C. “=A1+A2+C1”　　D. “=A1+C1”

（3）对工作表进行重命名时，工作表名称中不能含有（　　）字符。

A. $　　B. *　　C. %　　D. @

（4）假设单元格 B1 中的公式为“=A$5”，若将其复制到单元格 D1 中，则公式变为（　　）。

A. “=D$5”　　B. “=D$1”　　C. “=C$5”　　D. 不变

（5）在 Excel 2021 中，默认工作表的名称为（　　）。

A. Work1　　B. Document1　　C. Book1　　D. Sheet1

2. 操作题

根据所学知识，打开“项目八\任务 1\素材\操作题”工作簿，按以下要求完成操作，效果如图 8-1-3 所示，并将此文件保存到“E:\”，将其命名为“项目八任务 1 操作题”。

行	日期	姓名	丁力	徐锦	邱正	赵东海	吴迪	常宽	李力	江洋	赵东	王梅	单芳	刘亚楠	戚贞	周亮	王一天	周康
1	员工2022年10月出缺勤记录表																	
3	1号	上午																
4		下午																
5	2号	上午																
6		下午																
7	3号	上午																
8		下午																
9	4号	上午																
10		下午																
11	5号	上午																
12		下午																
13	6号	上午																
14		下午																
15	7号	上午																
16		下午																
17	8号	上午	★	★	★	★	★	★	★	★	★	★	★	★	★	★	★	★
18		下午	★	★	★	★	★	★	★	★	★	★	★	★	★	★	★	★
19	9号	上午	★	★	★	★	★	★	★	★	★	★	★	★	★	★	★	★
20		下午	★	★	★	★	★	★	★	★	★	★	★	★	★	★	★	★
21	10号	上午	★	★	★	★	★	★	△	★	★	★	★	★	★	★	★	★
22		下午	★	★	★	★	★	★	★	★	★	★	★	★	★	★	★	★
23	11号	上午	★	★	★	★	★	★	★	★	★	╳	★	★	★	★	★	★
24		下午	★	★	★	★	★	★	★	★	★	╳	★	★	★	★	★	★
25	12号	上午	★	★	★	★	★	★	★	★	★	★	★	★	★	★	★	★
26		下午	★	★	★	★	★	★	★	★	★	★	★	★	★	★	★	★
27	13号	上午	★	★	★	★	★	★	★	★	★	★	★	★	★	★	★	★
28		下午	★	★	★	★	★	★	★	★	★	★	★	★	★	△	★	★
29	14号	上午	★	★	★	★	★	★	★	★	★	★	★	★	★	★	★	★
30		下午	★	★	★	★	★	★	★	★	★	★	★	★	★	★	★	★
31	15号	上午																
32		下午																
33	16号	上午																
34		下午																
35	17号	上午	★	★	★	★	★	★	★	★	★	★	★	★	★	△	★	★
36		下午	★	★	★	★	★	★	★	★	★	★	★	★	★	★	★	★
37	18号	上午	★	★	★	★	★	★	★	★	★	★	★	★	★	★	★	★
38		下午	★	★	★	★	★	★	★	★	★	★	☆	★	★	★	▽	★
39	19号	上午	★	★	★	☆	★	▽	★	☆	★	★	★	★	☆	★	★	★
40		下午	★	★	★	☆	★	▽	★	★	★	★	★	★	★	★	★	★
41	20号	上午	★	★	★	☆	★	▽	★	★	★	★	★	★	★	★	★	★
42		下午	★	★	★	☆	★	★	★	★	★	★	★	★	★	★	★	★
43	21号	上午	★	★	★	★	★	★	★	☆	★	★	★	★	☆	★	★	★
44		下午	★	★	★	★	★	★	★	☆	★	★	★	★	☆	★	★	★
45	22号	上午																
46		下午																
47	23号	上午																
48		下午																
49	24号	上午	★	☆	★	☆	★	★	★	★	★	★	★	★	★	★	★	★
50		下午	★	☆	★	☆	★	★	★	▽	★	★	★	★	★	★	★	★
51	25号	上午	★	☆	★	★	★	★	☆	▽	★	★	★	★	★	★	★	★
52		下午	★	☆	★	★	★	★	☆	★	★	★	★	★	★	★	★	★
53	26号	上午	★	★	★	★	★	★	★	★	★	★	★	★	★	★	★	★
54		下午	★	★	★	★	★	★	★	★	★	★	★	★	★	★	★	★
55	27号	上午	★	★	★	★	★	★	★	★	★	★	★	★	★	★	★	★
56		下午	★	★	★	★	★	★	★	★	★	★	★	★	★	★	★	★
57	28号	上午	★	★	★	★	★	★	★	★	★	★	★	★	★	★	★	★
58		下午	★	★	★	★	★	★	★	★	★	★	★	★	★	★	★	★
59	29号	上午																
60		下午																
61	30号	上午																
62		下午																
63	31号	上午	★	★	★	★	★	★	★	★	★	★	★	★	★	★	★	★
64		下午	★	★	★	★	★	★	★	★	★	★	★	★	★	★	★	★

注：△：事假；▽：病假；★：出勤；☆：出差；╳：无故缺勤

a）

2022年10月出缺勤记录统计表

姓名 天数	丁力	徐锦	邱正	赵东海	吴迪	常宽	李力	江洋	赵东	王梅	单芳	刘亚楠	戚贞	周亮	王一天	周康
出勤	18	16	18	15	18	16.5	16.5	15.5	18	17	17.5	18	16.5	17	17.5	18
出差	0	2	0	3	0	0	1	1.5	0	0	0.5	0	1.5	0	0	0
出勤天数	18	18	18	18	18	16.5	17.5	17	18	17	18	18	18	17	17.5	18
事假	0	0	0	0	0	0	0.5	0	0	0	0	0	0	1	0	0
病假	0	0	0	0	0	1.5	0	1	0	0	0	0	0	0	0.5	0
请假天数	0	0	0	0	0	1.5	0.5	1	0	0	0	0	0	1	0.5	0
无故缺勤	0	0	0	0	0	0	0	0	0	1	0	0	0	0	0	0
出勤率	100%	100%	100%	100%	100%	92%	97%	94%	100%	94%	100%	100%	100%	94%	97%	100%
全勤人数	10															

出勤记录　出勤统计　出勤奖金　+

b）

2022年10月出缺勤奖金表

姓名 天数	丁力	徐锦	邱正	赵东海	吴迪	常宽	李力	江洋	赵东	王梅	单芳	刘亚楠	戚贞	周亮	王一天	周康
奖金基数(元)	200	200	200	200	200	200	200	200	200	200	200	200	200	200	200	200
出勤天数	18	18	18	18	18	16.5	17.5	17	18	17	18	18	18	17	17.5	18
请假天数	0	0	0	0	0	1.5	0.5	1	0	0	0	0	0	1	0.5	0
无故缺席天数	0	0	0	0	0	0	0	0	0	1	0	0	0	0	0	0
应发奖金（元）	200	200	200	200	200	155	185	170	200	100	200	200	200	170	185	200
本月奖金总额	2965															

出勤记录　出勤统计　出勤奖金　+

c）

图 8-1-3　项目八任务 1 操作题效果图

a）出勤记录　b）出勤统计　c）出勤奖金

（1）在工作表“出勤记录”中“王一天”后加入“周康”，并输入其此月的出勤情况。

（2）在工作表“出勤统计”中加入“周康”一列，并将各项的数据统计完整。

（3）相应地在工作表“出勤奖金”中加入“周康”的数据。

任务 2　建立员工简历表和学历信息统计表

一、实训任务介绍

为便于进行学历等信息统计，某公司人事部利用 Excel 2021 设计统一的简历表，发放给各员工收集信息，并据此进行学历信息统计。

具体要求如下：启动 Excel 2021，新建空白工作簿，在工作表 Sheet1 中合并单元格区域 A1:G1，并在该单元格中输入标题，设置字体为黑体、字号为 20、居中显示。根据效果图，合并各单元格区域，设置单元格区域 A2:G16 内边框为细实线、外边框为粗实线，设置单元格区域 A2:G7、A8:G13、A14:G14 下边框为细双实线。在单元格区域 A2:G16 输入个人简历表相应内容，设置字体为宋体、字号为 14、居中显示，在单元格 G2 中插入“素材”文件夹中的“证件照 .jpg”文件并调整其大小和位置，将此工作表命名为“简历表”；在工作表 Sheet2 中，合并单元格区域 A1:I1，并在单元格 A1 中输入标题，设置字体为宋体、字号为 16、居中显示，合并单元格区域 A2:I2，利用 YEAR、TODAY 和 MONTH 函数计算出当前年月，设置字体为宋体、字号为 16、右对齐显示，根据效果图，在单元格区域 A3:I3 输入各字段名称，添加“记录单”命令组，利用记录单将员工信息填在工作表中，在根据“现有学历”字段进行排序后，再对该字段进行分类汇总统计出同学历的人数，将此工作表命名为“学历信息统计表”，最后将此工作簿命名为“员工简历表和学历信息统计表”并保存，效果如图 8-2-1 所示。

二、实训任务分析

要完成本实训任务，应按照图 8-2-2 所示的思维导图复习教材中学到的知识和技能。

	A	B	C	D	E	F	G	H
1	个人简历表							
2	姓 名	周X	性 别	男	出生年月	1998.8		
3	籍 贯	江苏盐城	民 族	汉	政治面貌	团员		
4	婚姻状况	否	健康状况	良好	身 高	179cm		
5	身份证号	320921199808109055			学 历	本科		
6	毕业学校及专业	天津XX大学 车辆工程专业			毕业时间	2021.7		
7	现工作单位	YY汽车有限公司			参加工作时间	2021.8		
8	主要简历	起止年月		在何单位（学校）			任何职务	
9								
10								
11								
12								
13								
14	业务专长及工作成果							
15	通讯地址				Q Q 号			
16	联系电话				E-mail地址			
17								

a）

	A	B	C	D	E	F	G	H	I
1	学历信息统计表								
2									2023年7月
3	姓名	性别	年龄	职称	原有学历	毕业时间	现有学历	毕业时间	毕业学校
4	郭太勋	男	61	小学特级教师	中师	1984年6月	本科	2013年7月	华北电力大学
5	贾成元	男	53	小学高级教师	中师	1992年7月	本科	2004年7月	山东大学
6	罗伟	男	38	小学一级教师	本科	2007年7月	本科	2007年7月	苏州职业学校
7	余显富	男	49	小学高级教师	大专	1996年6月	本科	2004年7月	哈尔滨理工大学
8	简波	男	41	小学高级教师	本科	2004年7月	本科	2004年7月	华北科技大学
9	刘天文	男	46	小学一级教师	本科	1999年7月	本科	1999年7月	北京师范大学
10	何丽辉	女	47	小学高级教师	大专	1998年7月	本科	2004年7月	天津大学
11	黄龙其	男	45	小学高级教师	中师	2000年7月	本科	2005年7月	华北理工大学
12	谢真媛	女	51	小学高级教师	大专	1994年7月	本科	2005年7月	西北工业大学
13						**本科 计数**	9		
14	周勇	男	49	小学高级教师	本科	1996年7月	硕士	2004年7月	北京科技大学
15	沈行先	男	37	小学二级教师	本科	2008年7月	硕士	2014年6月	四川大学
16	罗江沙	女	36	小学一级教师	本科	2009年7月	硕士	2012年3月	河海大学
17	陈启兵	男	45	小学高级教师	本科	2000年7月	硕士	2004年7月	北京科技大学
18	李波	男	45	小学高级教师	本科	2000年7月	硕士	2004年7月	华北理工大学
19	徐静	女	39	小学一级教师	本科	2006年7月	硕士	2015年7月	北京理工大学
20						**硕士 计数**	6		
21	张德东	女	42	小学高级教师	硕士	2003年8月	博士	2003年8月	清华大学
22						**博士 计数**	1		
23						**总计数**	16		

b）

图8-2-1　员工简历表和学历信息统计表效果图

a）简历表　b）学历信息统计表

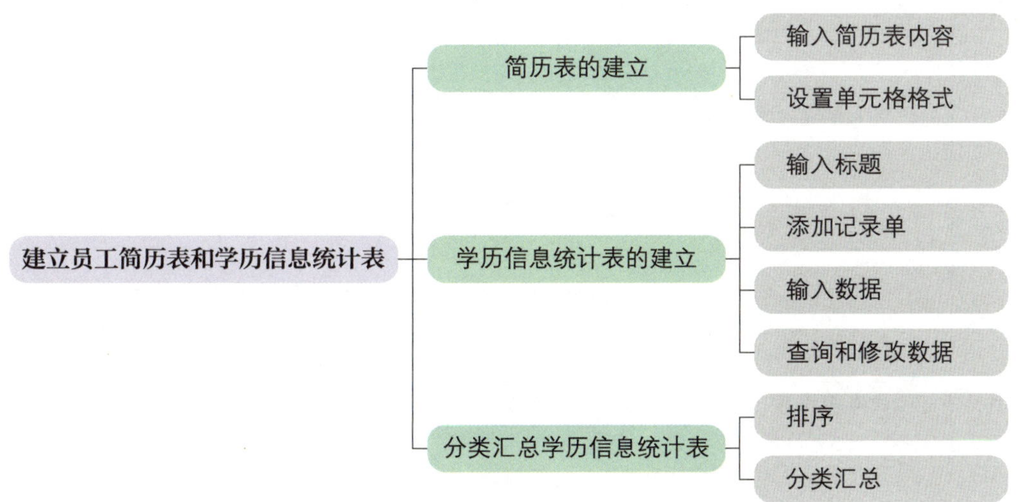

图8-2-2　任务思维导图

本实训任务是建立员工简历表和学历信息统计表。首先要建立一个简单的简历表，为了避免员工的简历表输入错误，这里采用填写记录单的方法来建立学历信息统计表，然后对公司员工的学历信息进行分类汇总，以统计员工的学历情况。

三、实训计划制订

根据任务分析，制订完成本实训任务的实训计划，填入表 8-2-1。

表 8-2-1 实训计划

序号	工作内容	所需时间

四、操作步骤提示

本实训任务的操作步骤提示见表 8-2-2。

表 8-2-2 操作步骤提示

序号	操作步骤	内容
1	启动 Excel 2021	单击操作系统“开始”|“Excel”，启动 Excel 2021
2	新建工作簿	单击 Excel 2021 启动界面中的“空白工作簿”
3	简历表的建立	选择工作表 Sheet1。 输入标题：选中单元格区域 A1:G1，在右键快捷菜单中选择“设置单元格格式”，在弹出的“设置单元格格式”对话框中单击“对齐”选项卡，勾选“文本控制”中“合并单元格”复选框，单击“确定”按钮。在该单元格中输入标题“个人简历表”，设置“字体”为“黑体”、“字号”为“20”、“居中”显示。 设置单元格格式：按照同样的方法合并单元格区域 B5:D5、B6:D6、B7:D7、G2:G7、A8:A13、B14:G14、B15:D15、F15:G15、B16:D16、F16:G16。选中单元格区域 A2:G16，在右键快捷菜单中选择“设置单元格格式”，在弹出的“设置单元格格式”对话框中单击“边框”选项卡，在“样式”中选择“粗实线”，并单击“外边框”按钮。选中单元格区域 A2:G7，在“样式”中选择“细双实线”，并单击“下边框”按钮。按照同样的方法，分别选中单元格区域 A8:G13、A14:G14，将“细双实线”应用于下边框。 输入内容：根据效果图，在单元格区域 A2:G16 输入个人简历表相应内容，设置“字体”为“宋体”、“字号”为“14”、“居中”显示。选中单元格 G2，在“插入”|“插图”|“图片”按钮的下拉菜单中选择“此设备”，在弹出的对话框中，将路径指向本任务“素材”文件夹中的“证件照.jpg”文件并将其选中，单击“插入”按钮。

续表

序号	操作步骤	内容
4	学历信息统计表的建立	选择工作表 Sheet2。 输入标题：按照操作步骤 2 中同样的方法合并单元格 A1:I1，并在该单元格中输入标题“学历信息统计表”，设置“字体”为“宋体”、“字号”为“16”、“居中”显示。 输入日期：按照操作步骤 2 中同样的方法合并单元格区域 A2:I2，输入公式“=YEAR(TODAY())&"年"&MONTH(TODAY())&"月"”，利用 YEAR、TODAY 和 MONTH 函数计算出当前年月。设置字体为“宋体”、“字号”为“16”、“右对齐”显示。 输入表头：根据效果图，在单元格区域 A3:I3 输入各字段名称。 添加记录单：单击“文件”|“选项”，弹出“Excel 选项”对话框。单击左侧的“自定义功能区”，在右侧的“从下列位置选择命令”中选择“不在功能区中的命令”，在其列表中选择“记录单”，在“自定义功能区”中选择“主选项卡”，单击“新建组”按钮，选中新建组，在右键快捷菜单中选择“重命名”为“记录单”，单击“添加”按钮，再单击“确定”按钮即完成记录单的添加。 输入数据：选中单元格区域 A3:I3，单击“开始”|“记录单”|“记录单”按钮，在弹出的“Sheet2”对话框中，根据效果图，输入字段名称的相应内容，单击“新建”按钮，即在当前行的下面追加了一条记录单。按照同样的方法，完成单元格区域 A4:I19 内容的输入。 更改工作表名：选中 Sheet2 表名，在右键快捷菜单中选择“重命名”，输入“学历信息统计表”
5	分类汇总学历信息表	选择工作表“学历信息统计表”。 排序：选中单元格区域 A3:I19，单击“数据”|“排序和筛选”|“排序”按钮，在弹出的“排序”对话框中的“主要关键字”中选择“现有学历”，在“排序依据”中选择“单元格值”，在“次序”中选择“自定义序列”，在弹出的“自定义序列”对话框中的“输入序列”中输入“本科，硕士，博士”，单击“添加”按钮添加自定义序列，单击“确定”按钮完成自定义序列的添加。这时“排序”对话框中的“次序”中已选中“本科，硕士，博士”新序列，单击“确定”按钮完成排序。 分类汇总：选中单元格区域 A3:I19，单击“数据”|“分级显示”|“分类汇总”按钮，在弹出的“分类汇总”对话框中的“分类字段”中选择“毕业时间”，在“汇总方式”中选择“计数”，在“选定汇总项”中选择“现有学历”，单击“确定”按钮完成分类汇总
6	保存文件	单击快速访问工具栏中的“保存”按钮或“文件”|“保存”，设置文件名和保存位置进行保存
7	关闭 Excel 2021	单击窗口控制按钮中的“关闭”按钮进行关闭

五、操作要点记录

在表 8-2-3 中记录本实训任务的操作要点。

表 8-2-3　操作要点记录

序号	操作要点	备注

六、电子表格制作与修改记录

制作并修改电子表格，排除出现的错误，并在表 8-2-4 中做好记录。

表 8-2-4　电子表格修改记录

序号	出现错误	错误原因	处理方法

七、实训评价

本实训任务完成后，分享完成任务过程中的心得体会并展示成果，从软件操作、实训效果、成果展示等方面，采用自我评价、小组评价、教师评价相结合的多元评价方式对该实训任务进行评价，实训评价表见表 8-2-5。

表 8-2-5　实训评价表

序号	评价内容	配分 / 分	评价分数		
			自我评价（占比 30%）	小组评价（占比 30%）	教师评价（占比 40%）
1	对实训任务的分析准确到位	20			
2	能正确建立简历表	20			

续表

序号	评价内容		配分/分	评价分数		
				自我评价（占比 30%）	小组评价（占比 30%）	教师评价（占比 40%）
3	能正确建立学历信息统计表		20			
4	能正确分类汇总学历信息统计表		20			
5	能正确展示及解说任务成果		20			
学生姓名			综合评分			

八、巩固与练习

1. 选择题

（1）在 Excel 2021 中，SUM 函数的功能是（　　）。

A. 求指定范围内所有数字的平均值

B. 求指定范围内数据的个数

C. 求指定范围内所有数字的和

D. 求指定范围内数字的最大值

（2）下列关于 Excel 2021 分类汇总的叙述中错误的是（　　）。

A. 分类汇总前必须按关键词段排序数据

B. 汇总方式只能是求和

C. 分类汇总的关键词段只能是一个字段

D. 分类汇总可以被删除，但删除汇总后，汇总前的排序操作未被撤销

（3）在 Excel 2021 中，公式“=COUNT(1,TRUE,FALSE,"aa")”的值是（　　）。

A. 3　　　　B. 4

C. 5　　　　D. 6

（4）在 Excel 2021 单元格中输入文本型数据“1234”时，正确的输入内容是（　　）。

A. ='1234'　　　　B. '1234'

C. “1234”　　　　D. '1234

（5）输入（　　），使该单元格显示 0.5。

A. 3/6　　　　B. “3/6”

C. = “3/6”　　　　D. =3/6

2. 操作题

根据所学知识，打开“项目八\任务 2\素材\操作题”工作簿，按要求完成以下操作，效果如图 8-2-3 所示，并将此文件保存到“E:\”，将其命名为“项目八任务 2 操作题”。

（1）在工作表 Sheet1 中制作王平简历表，可自拟信息。

（2）在工作表“学历信息表”中，对“员工学历基本信息表”的“性别”一列进行计数分类汇总。

R 个人简历 Resume						
姓　名	王　平	性　别	男	出生日期	1993年10月	
民　族	汉	籍　贯	江苏	现居住地	江苏常州	
健康状况	良　好	最高学历	硕士	毕业时间	2016/7/1	
毕业学校				专　业		
联系电话				E-mail		
求职意向						
教育背景						
实习经历						
校内经历						
奖项证书						
自我评价						

a）

	A	B	C	D	E	F	G	H	I	J
1	员工学历基本信息表									
2										2023年7月
3	姓名	性别	民族	籍贯	出生日期	年龄	毕业时间	学历	毕业学校	参加工作时间
4	徐锦	女	汉	河北	1975年2月	48	1997年7月	大专	华北电力大学	1998年7月
5	李力	女	满	江苏	1980年7月	43	2004年7月	本科	苏州大学	2004年7月
6	王梅	女	汉	山西	1983年12月	40	2006年7月	本科	哈尔滨理工大学	2006年7月
7	单芳	女	汉	湖南	1979年12月	44	2002年7月	本科	华北科技大学	2002年7月
8	刘亚楠	女	汉	上海	1983年1月	40	2006年7月	本科	华北理工大学	2006年7月
9	戚贞	女	汉	江西	1982年6月	41	2006年7月	硕士	华北理工大学	2006年7月
10	**女 计数**	6								
11	丁力	男	汉	河北	1983年5月	40	2006年7月	本科	山东大学	2006年7月
12	邱正	男	汉	北京	1975年10月	48	1997年7月	本科	北京科技大学	1997年7月
13	吴迪	男	汉	山东	1982年2月	41	2006年7月	本科	四川大学	2006年7月
14	常宽	男	汉	江苏	1980年3月	43	2004年7月	本科	河海大学	2004年7月
15	赵东	男	汉	辽宁	1974年5月	49	1997年7月	本科	北京科技大学	1997年7月
16	周亮	男	汉	河北	1975年4月	48	1997年7月	本科	北京师范大学	1997年7月
17	王一天	男	汉	山西	1982年9月	41	2006年7月	本科	天津大学	2006年7月
18	江洋	男	汉	山东	1979年1月	44	2004年7月	硕士	北京理工大学	2004年7月
19	赵东海	男	汉	天津	1970年4月	53	1997年12月	博士	清华大学	1997年12月
20	**男 计数**	9								
21	**总计数**	15								

b）

图 8-2-3　项目八任务 2 操作题效果图

a）简历表　b）学历信息表

任务3 建立财务报表

一、实训任务介绍

某公司财务部计划建立财务报表，其中包括现金收支月报表、费用支出分析表、年度费用预算及分析统计表这三张工作表。

具体要求如下：启动Excel 2021，新建空白工作簿，在工作表Sheet1中，合并单元格A1:M1并输入标题，设置字体为宋体、字号为24，居中显示，在单元格A2、I2、L2中输入信息，设置字体为宋体、字号为11，加粗。设置单元格区域A3:M16中包含"合计"文本的单元格为"浅红填充色深红色文本"。在单元格E5、K5中，利用公式计算出收入合计和支出合计，在单元格L5中利用公式计算出结存金额（即收入与支出的差值），再在单元格B18中利用公式求出各项之和。设置单元格格式：设置单元格区域A18:L18的颜色为"红色，个性色2"，设置单元格区域A3:M18的边框。根据单元格区域B4:B16和F4:F16插入折线图图表，设置图表区域填充色为"浅色渐变－个性色1"，对图表中的"销售额"和"材料费"折线，添加数据标签，并添加图表标题。根据单元格区域E4:E16和K4:K16插入簇状柱形图图表，设置图表区域填充色为"浅色渐变－个性色6"，并输入图表标题。更改工作表表名，设置工作表标签为蓝色，完成"现金收支月报表"工作表的建立。效果如图8-3-1a所示。

在工作表Sheet2中，合并单元格区域A1:G1并输入标题，设置字体为宋体、字号为20，居中显示。在单元格A2中输入信息，设置字体为宋体、字号为11，加粗。根据效果图，在单元格区域A3:G3输入相应的字段名称，并设置"蓝色，个性色1"填充色。设置单元格区域A5:G5、A7:G7、A9:G9填充色为"水绿色，个性色5，淡色80%"，合并单元格区域A11:F11并输入文本，设置字体加粗。对于单元格区域A3:G11，设置边框为"上下为实线外边框""左右为无外框""内边框为虚线"。根据效果图，在单元格区域A4:F10输入相应内容。分别对单元格G4:G11利用公式计算出金额和合计。根据单元格区域B4:F10插入二维饼图图表，添加数据标注，在"设置数据标签格式"任务窗格中勾选"类别名称""百分比""显示引导线"复选框。对"培训费""办公耗材""房租水电"扇区设置点分离值为10%。根据效果图，删除图例，输入图表标题。更改工作表表名，设置工作表标签为紫色，效果如图8-3-1b所示。

在工作表Sheet3中，合并单元格区域A1:Q1并输入标题，设置字体为宋体、字号为24，居中显示。在单元格A2、K2中输入信息，设置字体为宋体、字号为11，加粗。根据效果图，在单元格区域A3:Q3输入相应的字段名称。将单元格区域A3:Q3、A11:Q11设置"红色，个性色2"填充色。分别合并单元格区域A14:P14、A12:C12和A13:C13，设置单元格区域A3:Q14边框为"外边框为实线""内边框为虚线"。根据效果图，在单元格区域A4:A11、B4:B10、D4:O10输入相应内容。在单元格A14

中设置字体为宋体、字号为16。在单元格B11中利用公式“=SUM（B4:B10）”计算出“费用合计”。在单元格C4中利用公式“=P4/B4”计算出“使用情况”。在单元格P4中利用公式“=SUM（D4:O4）”计算出“各项费用合计”。在单元格Q4中利用公式“=AVERAGE（D4:O4）”计算出“月均费用”。在单元格D12中利用公式“=$B$11/12”计算出“每月费用标准”。在单元格D13中利用公式“=D11/D12”计算出“使用率”。在单元格A14中利用公式“=" 注：2022年全年费用预算 "&B11&" 万元，实际费用 "&P11&" 万元，使用率 "&P13”完成表格输入。根据单元格区域D11:O13插入二维簇状柱形图图表。在图表中分别设置“费用合计”系列和“每月费用标准”系列填充色为“浅绿”和“深红”。在图表中设置“使用率”系列为“次坐标轴”，将“使用率”设置为“带数据标记的折线图”，并设置系列填充色为“橙色，个性色6，深色50%”，为“使用率”系列添加数据标注。根据效果图，输入图表标题，完成组合图表1的插入。根据单元格区域P4:P10、B4:C10插入二维簇状柱形图图表，用同样的方法，编辑“图例项”和“水平（分类）轴标签”，设置各系列填充色，设置“使用情况”系列为“带数据标记的折线图”，并给折线图标注数据，修改图表标题。根据单元格P11和B11插入二维簇状条形图图表，设置“轴标签区域”为单元格P3和B3，在图表区删除“水平（值）轴”。在图表中将“各项费用合计”系列填充色设置为“深红”，将“各项费用预算（年度）”系列填充色设置为“浅绿”，并添加标签。根据效果图，输入图表标题，完成条形图图表的插入。更改工作表表名，设置工作表标签为绿色。效果如图8-3-1c所示，最后并将此工作簿命名为“财务报表”并保存在指定位置。

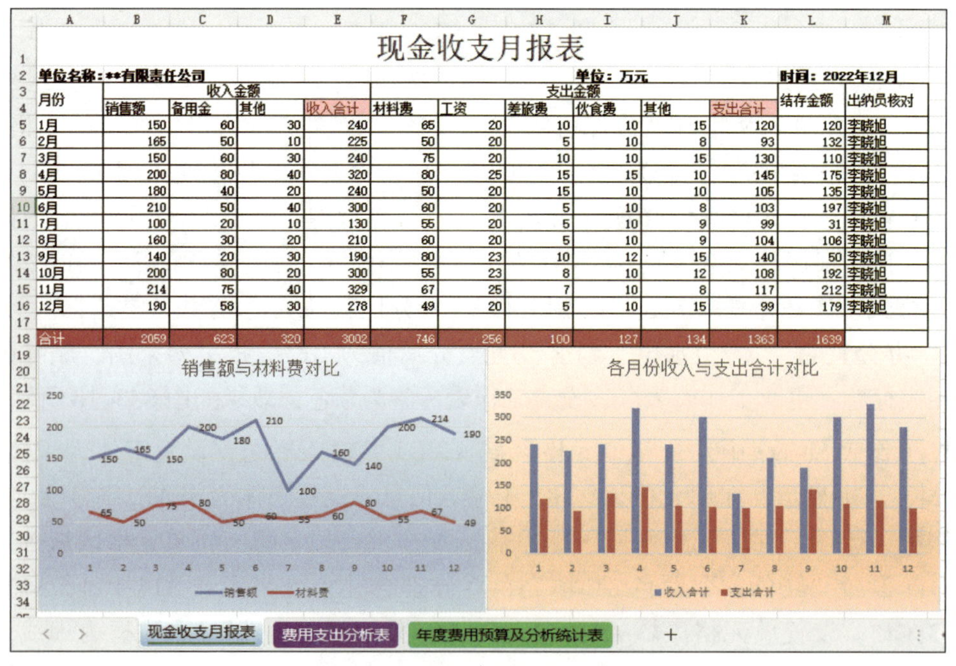

现金收支月报表

单位名称：**有限责任公司　　单位：万元　　时间：2022年12月

月份	收入金额				支出金额						结存金额	出纳员核对
	销售额	备用金	其他	收入合计	材料费	工资	差旅费	伙食费	其他	支出合计		
1月	150	60	30	240	65	20	10	10	15	120	120	李晓旭
2月	165	50	10	225	50	20	5	10	8	93	132	李晓旭
3月	150	60	30	240	75	20	10	10	15	130	110	李晓旭
4月	200	80	40	320	80	25	15	15	10	145	175	李晓旭
5月	180	40	20	240	50	20	15	10	10	105	135	李晓旭
6月	210	50	40	300	60	20	5	10	8	103	197	李晓旭
7月	100	20	10	130	55	20	5	10	9	99	31	李晓旭
8月	160	30	20	210	60	20	5	10	9	104	106	李晓旭
9月	140	20	30	190	80	23	10	12	15	140	50	李晓旭
10月	200	80	20	300	55	23	8	10	12	108	192	李晓旭
11月	214	75	40	329	67	25	7	10	8	117	212	李晓旭
12月	190	58	30	278	49	20	5	10	15	99	179	李晓旭
合计	2059	623	320	3002	746	256	100	127	134	1363	1639	

a）

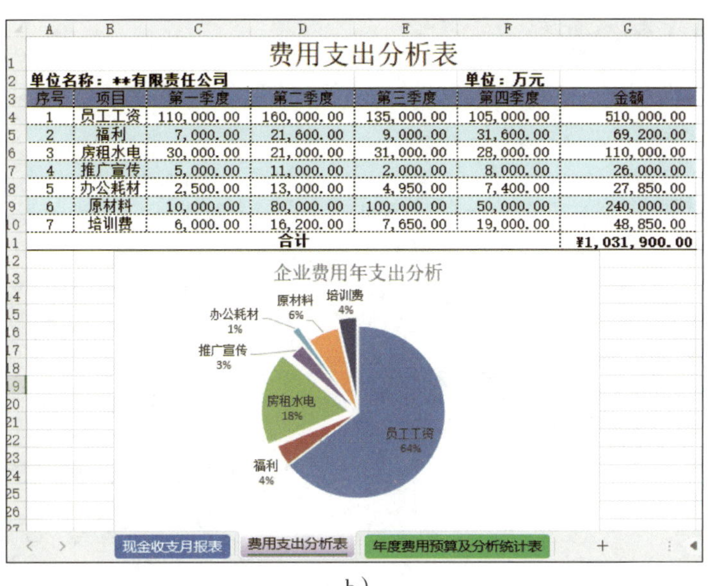

费用支出分析表

单位名称：**有限责任公司　　单位：万元

序号	项目	第一季度	第二季度	第三季度	第四季度	金额
1	员工工资	110,000.00	160,000.00	135,000.00	105,000.00	510,000.00
2	福利	7,000.00	21,600.00	9,000.00	31,600.00	69,200.00
3	房租水电	30,000.00	21,000.00	31,000.00	28,000.00	110,000.00
4	推广宣传	5,000.00	11,000.00	2,000.00	8,000.00	26,000.00
5	办公耗材	2,500.00	13,000.00	4,950.00	7,400.00	27,850.00
6	原材料	10,000.00	80,000.00	100,000.00	50,000.00	240,000.00
7	培训费	6,000.00	16,200.00	7,650.00	19,000.00	48,850.00
			合计			¥1,031,900.00

b）

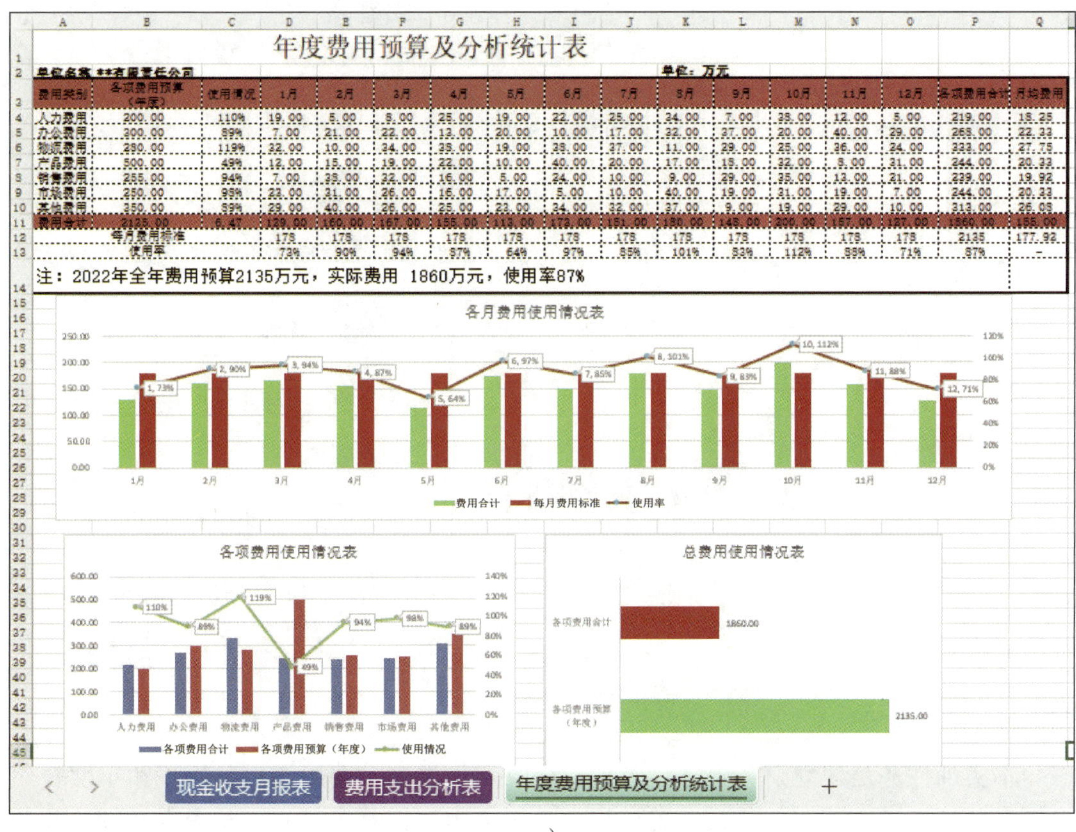

年度费用预算及分析统计表

单位名称 **有限责任公司　　单位：万元

费用类别	各项费用预算（年度）	使用情况	1月	2月	3月	4月	5月	6月	7月	8月	9月	10月	11月	12月	各项费用合计	月均费用
人力费用	200.00	110%	19.00	5.00	8.00	25.00	19.00	22.00	25.00	34.00	7.00	38.00	12.00	5.00	219.00	18.25
办公费用	300.00	89%	7.00	21.00	22.00	13.00	20.00	10.00	17.00	32.00	37.00	20.00	40.00	29.00	268.00	22.33
物流费用	280.00	119%	32.00	10.00	34.00	35.00	19.00	35.00	37.00	11.00	29.00	25.00	36.00	24.00	333.00	27.75
产品费用	500.00	49%	12.00	15.00	19.00	22.00	10.00	40.00	20.00	17.00	18.00	32.00	8.00	31.00	244.00	20.33
销售费用	255.00	94%	7.00	35.00	22.00	16.00	5.00	24.00	10.00	9.00	29.00	35.00	13.00	21.00	239.00	19.92
市场费用	250.00	98%	23.00	31.00	26.00	16.00	17.00	5.00	10.00	40.00	19.00	31.00	19.00	7.00	244.00	20.33
其他费用	350.00	89%	29.00	40.00	26.00	25.00	23.00	34.00	32.00	37.00	9.00	19.00	29.00	10.00	313.00	26.08
费用合计	2135.00	6.47	129.00	160.00	167.00	155.00	113.00	173.00	151.00	180.00	145.00	200.00	157.00	127.00	1860.00	155.00
	每月费用标准		178	178	178	178	178	178	178	178	178	178	178	178	2135	177.92
	使用率		73%	90%	94%	87%	64%	97%	85%	101%	83%	112%	88%	71%	87%	-

注：2022年全年费用预算2135万元，实际费用 1860万元，使用率87%

c）

图 8-3-1　财务报表效果图

a）现金收支月报表　b）费用支出分析表　c）年度费用预算及分析统计表

二、实训任务分析

要完成本实训任务，应按照图 8-3-2 所示的思维导图复习教材中学到的知识和技能。

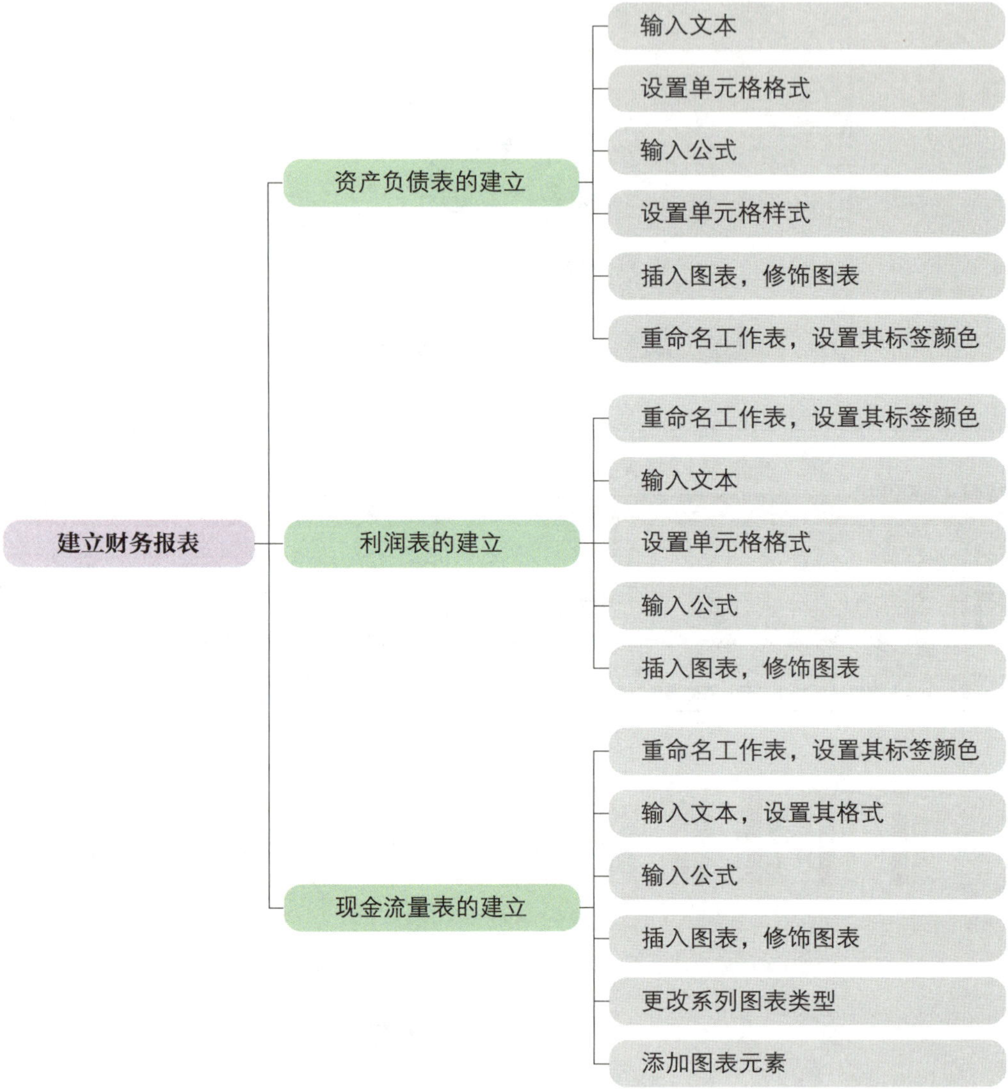

图 8-3-2　任务思维导图

本实训任务是建立财务报表，包括现金收支月报表、费用支出分析表和年度费用预算及分析统计表三张工作表。现金收支月报表主要记录了月收入与支出金额，并计算出"收入合计""支出合计""合计"，使月报表中收支情况清晰可见。费用支出分析表主要是对各季度支出情况做出统计，并通过图表形式分析费用支出情况。年度费用预算及分析统计表主要是分析统计年度费用，不同的图表形式及预算和实际使用情况为后期做出有效合理的可行性预算实施方案提供方便。

三、实训计划制订

根据任务分析，制订完成本实训任务的实训计划，填入表 8-3-1。

表 8-3-1　实训计划

序号	工作内容	所需时间

四、操作步骤提示

本实训任务的操作步骤提示见表 8-3-2。

表 8-3-2　操作步骤提示

序号	操作步骤	内容
1	启动 Excel 2021	单击操作系统“开始”|“Excel”，启动 Excel 2021
2	新建工作簿	单击 Excel 2021 启动界面中的“空白工作簿”
3	现金收支月报表	选择工作表 Sheet1。 输入标题：选中单元格区域 A1:M1，在右键快捷菜单中选择“设置单元格格式”，在弹出的“设置单元格格式”对话框中单击“对齐”选项卡，勾选“合并单元格”复选框，单击“确定”按钮，在该单元格中输入标题“现金收支月报表”，设置字体为“宋体”、“字号”为“24”、“居中”显示。 输入第 2 行信息：在单元格 A2 中输入“单位名称：** 有限责任公司”，在单元格 I2 中输入“单位：万元”，在单元格 L2 中输入“2022 年 12 月”。设置单元格 A2、I2 和 L2“字体”为“宋体”、“字号”为“11”、“加粗”。 输入单元格区域 A3:M4 表头内容并设置格式：根据效果图，在单元格 A3、B3、F3、L3、M3 中输入字段名称“月份”“收入金额”“支出金额”“结存金额”“出纳员核对”，按照输入标题步骤中相同的方法，合并单元格区域 A3:A4、B3:E3、F3:K3、L3:L4、M3:M4。输入表头其他单元格的相应内容。 输入内容：根据效果图，在单元格区域 A5:D16、F5:J16、M5:M16、A18 输入相应内容。

续表

序号	操作步骤	内容
3	现金收支月报表	设置单元格条件格式：选中单元格区域 A3:M16，在“开始”|“样式”|“条件格式”按钮的下拉菜单中选择“突出显示单元格规则”|“文本包含”，在弹出的“文本中包含”对话框中的“为包含以下文本的单元格设置格式：”中输入“合计”，在“设置为：”中选择“浅红填充色深红色文本”，单击“确定”按钮。这时可以看到单元格 E4 和 K4 应用了条件格式。 计算数据：选中单元格 E5，在编辑栏中输入公式“=SUM(B5:D5)”，将鼠标指针移至该单元格右下角，利用填充柄向下填充公式到单元格 E16。选中单元格 K5，在编辑栏中输入公式“=SUM(F5:J5)”，按照同样的方法，向下填充到单元格 K16。选中单元格 L5，在编辑栏中输入公式“=E5−K5”，按照同样的方法，向下填充到单元格 L16。选中单元格 B18，在编辑栏中输入公式“=SUM(B5:B16)”，按照同样的方法，向右填充到单元格 L18。 设置单元格格式：选中单元格区域 A18:L18，在右键快捷菜单中选择“设置单元格格式”，在弹出的“设置单元格格式”对话框中单击“填充”选项卡，在“背景色”中选择“红色，个性色 2”。选中单元格区域 A3:M18，在“设置单元格格式”对话框中单击“边框”选项卡，设置单元格区域的边框。 插入并修饰折线图图表：按住 Ctrl 键，选中单元格区域 B4:B16 和 F4:F16，单击“插入”|“图表”|“推荐的图表”按钮，在弹出的“插入图表”对话框中选择“折线图”，单击“确定”按钮插入图表。在右键快捷菜单中选择“设置图表区域格式”，在弹出的任务窗格中的“填充”选项中选择“渐变填充”，在“预设渐变”中选择“浅色渐变 − 个性色 1”，设置图表区域填充色。选中图表中“销售额”折线，在右键快捷菜单中选择“添加数据标签”。按照同样的方法，为“材料费”折线设置“添加数据标签”。单击“图表标题”，根据效果图，输入图表名称，完成折线图图表的插入。 插入并修饰簇状柱形图图表：按住 Ctrl 键，选中单元格区域 E4:E16 和 K4:K16，单击“插入”|“图表”|“推荐的图表”按钮，在弹出的“插入图表”对话框中选择“簇状柱形图”，单击“确定”按钮插入图表。在右键快捷菜单中选择“设置图表区域格式”，在弹出的任务窗格中的“填充”选项中选择“渐变填充”，在“预设渐变”中选择“浅色渐变 − 个性色 6”，设置图表区域填充色。单击“图表标题”，根据效果图，输入图表名称，完成簇状柱形图图表的插入。 重命名工作表，设置其标签颜色：选中工作表标签，在右键快捷菜单中选择“重命名”，输入“现金收支月报表”；在右键快捷菜单中选择“工作表标签颜色”|“蓝色”，完成“现金收支月报表”工作表的建立

续表

序号	操作步骤	内容
4	费用支出分析表	选择工作表 Sheet2。 输入标题：按照操作步骤 3 中同样的方法合并单元格区域 A1:G1，在该单元格中输入标题“费用支出分析表”，设置“字体”为“宋体”、“字号”为“20”、“居中”显示。 输入第 2 行信息：在单元格 A2 中输入“单位名称：** 有限责任公司分析表”，在单元格 F2 中输入“单位：万元”，设置“字体”为“宋体”、“字号”为“11”、“加粗”。 输入单元格区域 A3:G3 表头内容并设置格式：根据效果图，在单元格区域 A3:G3 输入相应的字段名称，并按照操作步骤 3 中同样的方法设置“蓝色，个性色 1”背景色。 设置单元格格式：按照操作步骤 3 中同样的方法，设置单元格区域 A5:G5、A7:G7、A9:G9 的背景色为“水绿色，个性色 5，淡色 80%”，合并单元格区域 A11:F11 并输入内容，设置单元格区域 A3:G11 的边框为“上下为实线外边框”“左右为无外框”“内边框为虚线”。 输入内容：根据效果图，在单元格区域 A4:F10 输入相应内容。选中单元格区域 A11:G11，设置为“加粗”。 计算数据：选中单元格 G4，在编辑栏中输入公式“=SUM（C4:F4）”，将鼠标指针移至该单元格右下角，利用填充柄向下填充公式到单元格 G10，计算出金额。选中单元格 G11，在编辑栏中输入公式“=SUM（G4:G10）”，计算出合计，即完成表内数据计算。 插入并修饰饼图图表：选中单元格区域 B4:F10，在“插入”|“图表”|“插入饼图或圆环图”按钮的下拉菜单中选择“饼图”。选中饼图，在右键快捷菜单中选择“添加数据标签”|“添加数据标注”，在右键快捷菜单中选择“设置数据标签格式”，在弹出的“设置数据标签格式”任务窗格中的“标签选项”中只勾选“类别名称”“百分比”“显示引导线”复选框。在饼图上，双击“培训费”扇区，在弹出的“设置数据点格式”任务窗格中设置“点分离”为“10%”。按照同样的方法，设置“办公耗材”“房租水电”扇区的“点分离”也为“10%”。选中图表区域下方的图例，按 Delete 键删除图例。单击“图表标题”，根据效果图，输入图表名称，完成饼图图表的插入。 重命名工作表，设置其标签颜色：选中工作表标签，在右键快捷菜单中选择“重命名”，输入“费用支出分析表”，在右键快捷菜单中选择“工作表标签颜色”|“紫色”，完成“费用支出分析表”工作表的建立。
5	年度费用预算及分析统计表	选择工作表 Sheet3。 输入标题：按照操作 3 同样的方法合并单元格区域 A1:Q1，在该单元格中输入标题“年度费用预算及分析统计表”，设置“字体”为“宋体”、“字号”为“24”、“居中”显示。

续表

序号	操作步骤	内容
5	年度费用预算及分析统计表	输入第 2 行信息：在单元格 A2 中输入“单位名称：** 有限责任公司”，在单元格 K2 中输入“单位：万元”，设置“字体”为“宋体”、“字号”为“11”、“加粗”。 输入单元格区域 A3:Q3 表头内容并设置格式：根据效果图，在单元格区域 A3:Q3 输入相应的字段名称并设置其背景色为“红色，个性色 2”。 设置单元格格式：按照操作步骤 3 中同样的方法设置单元格区域 A11:Q11 的背景色为“红色，个性色 2”，分别合并单元格区域 A12:C12、A13:C13、A14:P14，设置单元格区域 A3:Q14 的边框为“外边框为实线”“内边框为虚线”。 输入内容：根据效果图，在单元格区域 A4:A11、B4:B10、D4:O10 输入相应内容。选中单元格 A14，设置“字体”为“宋体”、“字号”为“16”。 计算数据：选中单元格 B11，在编辑栏中输入公式“=SUM（B4:B10）”，将鼠标指针移至该单元格右下角，利用填充柄向右填充公式到单元格 Q11，计算出“费用合计”。选中单元格 C4，在编辑栏中输入公式“=P4/B4”，将鼠标指针移至该单元格右下角，利用填充柄向下填充公式到单元格 C11，计算出“使用情况”。选中单元格 P4，在编辑栏中输入公式“=SUM（D4:O4）”，将鼠标指针移至该单元格右下角，利用填充柄向下填充公式到单元格 P11，计算出“各项费用合计”。选中单元格 Q4，在编辑栏中输入公式“=AVERAGE（D4:O4）”，将鼠标指针移至该单元格右下角，利用填充柄向下填充公式到单元格 Q11，计算出“月均费用”。选中单元格 D12，在编辑栏中输入公式“=$B$11/12”，将鼠标指针移至该单元格右下角，利用填充柄向右填充公式到单元格 O12，计算出“每月费用标准”。选中单元格 D13，在编辑栏中输入公式“=D11/D12”，将鼠标指针移至该单元格右下角，利用填充柄向右填充公式到单元格 P13，计算出“使用率”。选中单元格 A14，输入公式“="注：2022 年全年费用预算"&B11&"万元，实际费用"&P11&"万元，使用率"&P13”，即可完成表内数据计算。 插入并修饰簇状柱形图与折线图的组合图表 1：选中单元格区域 D11:O13，在“插入”|“图表”|“插入柱形图或条形图”按钮的下拉菜单中选择“簇状柱形图”。在右键快捷菜单中选择“选择数据”，在弹出的“选择数据源”对话框中，在“图例项”中选择“系列 1”，单击“编辑”按钮，在弹出的“编辑数据系列”对话框中，选择“系列名称”为单元格 A11，单击“确定”按钮。按照同样的方法，设置“系列 2”为单元格 A12，设置“系列 3”为单元格 A13，完成“图例项”编辑。单击“选择数据源”对话框右边的“水平（分类）轴标签”中的“编辑”按钮，在弹出的“轴标签”对话框中，选择“轴标签区域”为单元格区域 D3:O3，单击“确定”按钮完成轴标签区域设置，再单击“确定”按钮完成数据源设置。在图表中选中“费用合

续表

序号	操作步骤	内容
5	年度费用预算及分析统计表	计”系列，在右键快捷菜单中选择“设置数据系列格式”，在“填充”中选择“纯色填充”，在“颜色”中选择“浅绿”。按照同样的方法，将“每月费用标准”系列设置为“深红”。在图表中选中“使用率”系列，在右键快捷菜单中选择“设置数据系列格式”，在任务窗格中的“系列选项”中选择“次坐标轴”。选中“使用率”系列，在右键快捷菜单中选择“更改系列图表类型”，在弹出的“更改图表类型”对话框下方“为您的数据系列选择图表类型和轴：”中选择“使用率”为“带数据标记的折线图”，并设置系列颜色为“橙色，个性色6，深色50%”。选中“使用率”系列，在右键快捷菜单中选择“添加数据标签”|“添加数据标注”，在右键快捷菜单中选择“设置数据标签格式”，在任务窗格中勾选“类别名称”“值”复选框。单击“图表标题”，根据效果图，输入图表名称，完成组合图表的插入。 插入并修饰簇状柱形图与折线图的组合图表2：选中单元格区域P4:P10、B4:C10，在“插入”|“图表”|“插入柱形图或条形图”按钮的下拉菜单中选择“簇状柱形图”。按照同样的方法，编辑“图例项”和“水平（分类）轴标签”，根据效果图设置各系列填充色，设置“使用情况”系列的图表类型为“带数据标记的折线图”，并给折线图标注数据。修改图表标题，完成组合图表的插入。 插入并修饰条形图图表：选中单元格P11和B11，在“插入”|“图表”|“插入柱形图或条形图”按钮的下拉菜单中选择“簇状条形图”。在右键快捷菜单中选择“选择数据”，在弹出的“选择数据源”对话框右边的“水平（分类）轴标签”中单击“编辑”按钮，在弹出的“轴标签”对话框中，按住Ctrl键，选择“轴标签区域”为单元格P3和B3，单击“确定”按钮完成轴标签区域设置，再单击“确定”按钮完成数据源设置。在图表区，选中“水平（值）轴”，按Delete键删除。在图表中选中“各项费用合计”系列，在右键快捷菜单中选择“设置数据系列格式”，在任务窗格中的“填充”中选择“纯色填充”，在“颜色”中选择“深红”。按照同样的方法，选中“各项费用预算（年度）”系列，设置填充色为“浅绿”。选中图表系列，在右键快捷菜单中选择“添加数据标签”。单击图表标题，根据效果图，输入图表名称，完成条形图图表的插入。 重命名工作表，设置其标签颜色：选中工作表标签，在右键快捷菜单中选择“重命名”，输入“年度费用预算及分析统计表”，在右键快捷菜单中选择“工作表标签颜色”|“绿色”，完成“年度费用预算及分析统计表”工作表的建立
6	保存文件	单击快速访问工具栏中的“保存”按钮或“文件”|“保存”，设置文件名和保存位置进行保存
7	关闭Excel 2021	单击窗口控制按钮中的“关闭”按钮进行关闭

五、操作要点记录

在表 8–3–3 中记录本实训任务的操作要点。

表 8–3–3 操作要点记录

序号	操作要点	备注

六、电子表格制作与修改记录

制作并修改电子表格，排除出现的错误，并在表 8–3–4 中做好记录。

表 8–3–4 电子表格修改记录

序号	出现错误	错误原因	处理方法

七、实训评价

本实训任务完成后，分享完成任务过程中的心得体会并展示成果，从软件操作、实训效果、成果展示等方面，采用自我评价、小组评价、教师评价相结合的多元评价方式对该实训任务进行评价，实训评价表见表 8–3–5。

表 8–3–5 实训评价表

序号	评价内容	配分 / 分	评价分数		
			自我评价（占比 30%）	小组评价（占比 30%）	教师评价（占比 40%）
1	对实训任务的分析准确到位	20			
2	能完整建立现金收支月报表，操作得当	20			

续表

序号	评价内容	配分 / 分	评价分数		
			自我评价（占比 30%）	小组评价（占比 30%）	教师评价（占比 40%）
3	能完整建立费用支出分析表，操作得当	20			
4	能完整建立年度费用预算及分析统计表，操作得当	20			
5	能正确展示及解说任务成果	20			
学生姓名		综合评分			

八、巩固与练习

1. 选择题

（1）在 Excel 2021 中，“条件格式”按钮是在（　　）命令组中。

A. “数据”　　B. “编辑”　　C. “样式”　　D. “插入”

（2）在 Excel 2021 中，“冻结窗格”按钮的下拉菜单中包括（　　）选项。

A. “冻结首行”　　B. “冻结首列”

C. “冻结窗格”　　D. 以上选项全对

（3）在单元格 C3 中输入数值“24”，在单元格 C5 中输入字符“computer”，那么在单元格 C8 中输入公式“=C5+C3”会显示的是（　　）。

A. computer　　B. computer24

C. 24　　D. #VALUE!

（4）在 Excel 2021 中，要保护一个工作表，可在（　　）选项卡中单击“保护工作表”按钮。

A. “开始”　　B. “插入”　　C. “审阅”　　D. “视图”

（5）下列关于 Excel 函数概念的叙述中正确的是（　　）。

A. 所有函数都有自变量

B. 所有函数都有函数值

C. 所有函数的功能都能用公式代替

D. 所有公式的功能都能用函数代替

2. 操作题

根据所学知识，打开“项目八\任务 3\素材\操作题”工作簿，按以下要求完成操作，效果如图 8-3-3 所示，并将此文件保存到“E:\”，将其命名为“项目八任务 3 操作题”。

（1）取消“现金流量表”中的冻结窗格。

（2）对“利润表”设置与“现金流量表”相同的自动套用格式。

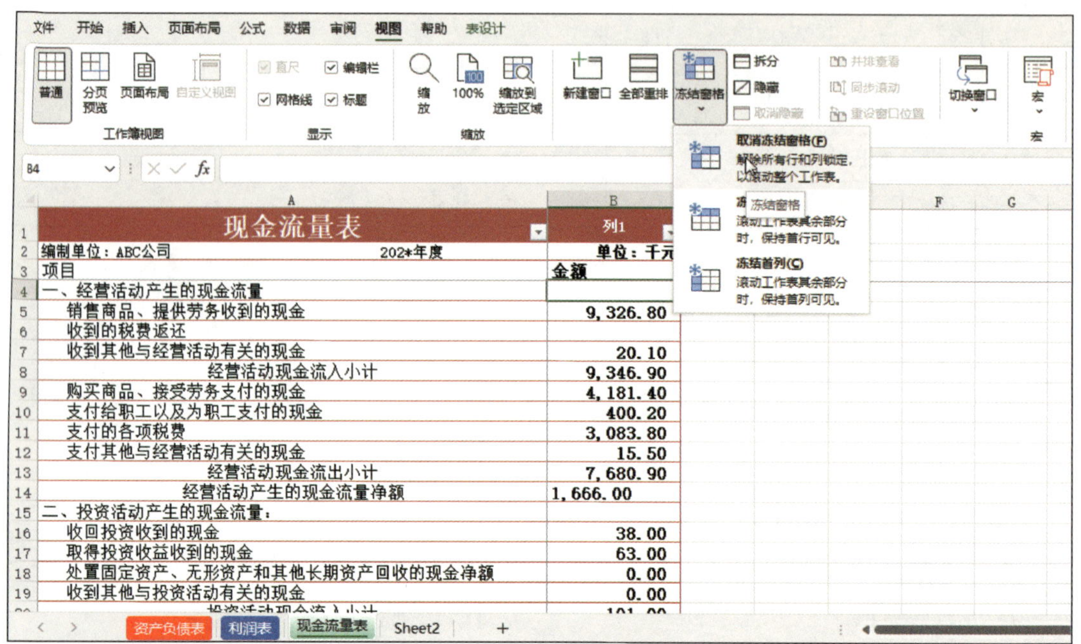

	A	B
1	现金流量表	列1
2	编制单位：ABC公司　202*年度	单位：千元
3	项目	金额
4	一、经营活动产生的现金流量	
5	销售商品、提供劳务收到的现金	9,326.80
6	收到的税费返还	
7	收到其他与经营活动有关的现金	20.10
8	经营活动现金流入小计	9,346.90
9	购买商品、接受劳务支付的现金	4,181.40
10	支付给职工以及为职工支付的现金	400.20
11	支付的各项税费	3,083.80
12	支付其他与经营活动有关的现金	15.50
13	经营活动现金流出小计	7,680.90
14	经营活动产生的现金流量净额	1,666.00
15	二、投资活动产生的现金流量：	
16	收回投资收到的现金	38.00
17	取得投资收益收到的现金	63.00
18	处置固定资产、无形资产和其他长期资产回收的现金净额	0.00
19	收到其他与投资活动有关的现金	0.00

a）

	A	B	C
1	利润表	列1	列2
2	编制单位：ABC公司	202*年度	单位：千元
3	项目	本月数	本年累计数
4	一、主营业务收入	（略）	8720
5	减：折扣与折让		200
6	主营业务收入净额		8520
7	减：主营业务成本		4190.4
8	主营业务税金及附加		676
9	二、主营业务利润（亏损以“-”号填列）		3653.6
10	加：其他业务利润		851.4
11	减：销售费用		1370
12	管理费用		1050
13	财务费用		325
14	三、营业利润		1760
15	加：投资收入		63
16	补贴收入		
17	营业外收入		8.5
18	减：营业外支出		15.5
19	四、利润总额		1816
20	减：所得税		556
21	五、净利润		1260

b）

图 8-3-3　项目八任务 3 操作题效果图

a）现金流量表　b）利润表